技工院校省级示范专业群建设规划教材

单片机控制技术

臧殿红　主　编
王树喜　刘福祥　副主编

化学工业出版社
·北京·

本书以亚龙 YL-236 型单片机控制功能实训考核装置为硬件基础，Keil C51 为编程软件，通过完成具体任务来介绍相关知识。全书共分六个项目，每个项目由 2~3 个具体任务组成，按照"任务描述→任务分析→知识准备→任务实施→任务考核评价"的思路编写，使学生轻松掌握单片机硬件电路的设计和软件编程的方法。

本书通过认识单片机、发光二极管的控制、单片机对电动机的控制、数字时钟的制作、电子密码锁的制作和电子显示屏的制作等六个项目的学习，介绍了单片机的基础知识、单片机的 I/O 端口、常见接口电路、中断、定时器、矩阵键盘的使用、数码管显示、LED 显示屏、12864 液晶显示屏等的控制方法，以及单片机的系统开发应用案例，每个任务完成后还有拓展练习。

本书可作为技师学院、高级技校等中职学校电子类、电气类、机电类等相关专业中级班、高级班单片机课程的教材，也可作为广大单片机爱好者的自学用书。

图书在版编目（CIP）数据

单片机控制技术/臧殿红主编 . —北京：化学工业出版社，2015.11
 ISBN 978-7-122-25468-9

Ⅰ.①单… Ⅱ.①臧… Ⅲ.①单片微型计算机-计算机控制-中等专业学校-教材 Ⅳ.①TP368.1

中国版本图书馆 CIP 数据核字（2015）第 248511 号

责任编辑：王听讲
责任校对：宋 玮　　　　　　　　　　装帧设计：王晓宇

出版发行：化学工业出版社（北京市东城区青年湖南街 13 号　邮政编码 100011）
印　　装：高教社（天津）印务有限公司
787mm×1092mm　1/16　印张 9¾　字数 249 千字　2016 年 2 月北京第 1 版第 1 次印刷

购书咨询：010-64518888（传真：010-64519686）
售后服务：010-64518899
网　　址：http://www.cip.com.cn
凡购买本书，如有缺损质量问题，本社销售中心负责调换。

定　　价：25.00 元

前言 FOREWORD

　　泰安技师学院"电气自动化设备安装与维修专业群"是山东省首批技工院校省级示范专业群建设项目。为做好这一建设项目，学院省级示范专业群建设领导小组，按照省级示范专业群建设项目要求，组织开发编写了《单片机控制技术》，本书为示范专业群建设项目内容之一。

　　单片机控制技术在国民经济的各个领域及日常工作和生活中有着广泛的应用，是电子类、电气类、机电类等专业的一门重要的专业基础课程。通过本课程的学习，学生应掌握单片机的基本知识，熟悉单片机的开发和应用，完成简单的单片机控制任务，也为深入学习单片机打下扎实的基础。

　　本书在编写过程中，遵循"理论够用、加强实训、提高技能、突出应用"的原则，每一任务的选择都贴近生活与实际，有利于提高学生的学习兴趣，同时，减少单片机内部复杂电路等理论知识，加强了对单片机具体使用方法的学习，使学生会用单片机完成控制任务，提高学生硬件设计和软件编程的能力。本书还具有以下特点。

　　1. 坚持高技能人才培养方向，从职业（岗位）需求分析入手，参照国家职业标准《维修电工》《电子设备装接工》《家用电子产品维修工》等，精选教材内容，突出教材的实用性和应用性。

　　2. 根据技师学院、高级技校的教学实际情况，每一任务都有原理图、程序设计流程图、具体的程序和实物接线图，有利于初学者提高学习兴趣，增强学习信心，顺利完成学习任务。

　　3. 本书以亚龙 YL-236 型单片机控制功能实训考核装置为硬件基础，教学中采用学中做、做中学的一体化教学模式，实现教、学、做合一，培养学生提高解决问题的能力。

　　本书共有六个项目，由泰安技师学院臧殿红主编，王树喜、刘福祥副主编，臧殿红编写了项目一～三、项目五；王树喜编写了项目四和项目六的任务三；刘福祥编写了项目六的任务一、任务二和附录部分，并对本书进行了统稿；郭刚、李骞也参与了本书的编写工作。

　　本书在编写过程中，得到学院专业群建设领导小组的大力支持，刘福祥和孟宪雷同志也提出了许多宝贵意见，在此一并致谢。

　　由于编者经验不足，水平有限，书中难免存在缺点和不足，敬请广大读者和同行批评指正。

编者

2015 年 12 月

目 录

CONTENTS

项目一
认识单片机

💡 知识目标

① 理解 AT89S52 单片机的各引脚功能；
② 掌握 AT89S52 单片机的最小系统及各部分电路的功能；
③ 掌握判断单片机芯片好坏的方法；
④ 了解利用单片机实现的控制系统。

💡 技能目标

① 会判断 AT89S52 单片机芯片的好坏；
② 会利用 Keil C51 编写单片机 C 语言程序；
③ 会用 Proteus 进行软件仿真。

💡 项目概述

单片机由于具有体积小、成本低、功耗小、控制功能强等优点，广泛应用于智能仪表、家用电器、医用设备、航空航天等领域。那么，单片机具有怎样的结构？又是如何实现控制功能的呢？本项目通过两个任务，学习单片机的结构以及单片机的控制系统。

任务一 ▷▷▷
判断 AT89S52 单片机芯片的好坏

任务描述 🖊

单片机在使用之前，应确保单片机芯片的质量，本任务要求用简单的方法判断 AT89S52 单片机芯片的好坏。

任务分析

AT89S52 单片机在外接正确的电源、时钟电路和复位信号后，当接通电源正常工作时，ALE 引脚会不断向外输出频率为振荡频率 1/6 的脉冲信号。如果单片机芯片是好的，用示波器观测 ALE 引脚，可看到有脉冲信号输出。因此，用示波器观测 ALE 引脚，可初步判断单片机芯片的好坏。

知识准备

一、单片机简介

单片机是一种集成电路芯片。它采用超大规模集成电路技术，将具有数据处理能力的中央处理器（CPU）、存储器（RAM、ROM、EEPROM、Flash Memory）和输入、输出接口（并行 I/O、串行通信口）、振荡电路、计数器等电路集成在同一块芯片上。这样的芯片具有一台微型计算机的功能，因此被称为单片微型计算机，简称单片机。

单片机按适用范围的不同，可分为通用型和专用型。通用型单片机是一种基本芯片，内部资源比较丰富，性能全面且适应性强，能覆盖多种应用需求。其特点是通用性强，应用广泛。专用型单片机是专门针对某个特定产品或控制应用而专门设计的，设计时考虑系统结构最简化、软硬件资源利用最优化和成本最低化。其特点是应用在特定的专用场合。

虽然单片机种类繁多，各具特色，但仍以 80C51 为核心的单片机占主流，兼容其结构和指令系统的有 Philips 公司的产品、Atmel 公司的产品和中国台湾的 Winbond 系列单片机。本书学习的 AT89S52 是 Atmel 公司生产的一种低功耗、高性能 CMOS 8 位微控制器，与 80C51 产品在指令和引脚上完全兼容，具有功能强、性能稳定、使用方便、设计和应用资料齐全等特点，在我国应用较为广泛。

二、AT89S52 单片机的结构和性能

AT89S52 是一个高性能 CMOS 8 位单片机，芯片内集成了 8 位的中央处理器（CPU）、8KB 的可反复擦写 1000 次的 Flash 只读程序存储器（ROM）、256 字节的随机存取数据存储器（RAM）、6 个中断源、3 个 16 位可编程定时计数器、2 个全双工串行通信口、看门狗电路及片内时钟振荡器。它的内部结构框图如图 1-1-1 所示。

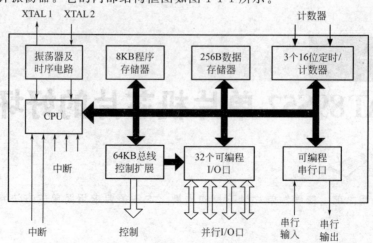

图 1-1-1　AT89S52 单片机内部结构框图

单片机的各组成部分及作用如表 1-1-1 所示。

表 1-1-1　单片机的各组成部分及作用

中央处理器 CPU	单片机的核心部件,是 8 位数据处理器,能处理 8 位二进制数据或代码,CPU 负责控制、指挥和调度整个单元系统协调工作,完成运算和控制输入输出等操作
数据存储器 RAM	内部有 256B 的 RAM,其中包含 128B 用户数据存储单元(地址为 00H～7FH)和 128B 专用寄存器单元(地址为 80H～FFH)
程序存储器 ROM	内部有 8KB 的 Flash ROM,用于存放用户程序,原始数据或表格
定时/计数器 T0、T1、T2	含有三个 16 位的定时/计数器(T0、T1、T2),以实现定时或计数功能
并行输入输出口 I/O 口	共有 4 组 8 位并行 I/O 口(P0、P1、P2 和 P3),用于单片机与外围设备之间的数据传输
全双工串行口	内置一个全双工串行口,用于与其他设备间的串行数据传送,该串行口既可以用作异步通信器,也可以当同步移位器使用
中断系统	共有 6 个中断源(2 个外部中断,3 个定时/计数器中断和 1 个串行中断),并具有 2 级的优先级别选择
时钟电路	需外接晶振和微调电容构成振荡电路,产生单片机运行的脉冲时序

AT89S52 的主要性能有:

① 兼容标准 MCS-51 指令系统及 80C51 引脚结构;

② 32 个双向 I/O 线;

③ 4.5～5.5V 工作电压;

④ 时钟频率 0～33MHz;

⑤ 低功耗空闲和省电模式;

⑥ 2 个外部中断源;

⑦ 灵活的在线编程。

三、AT89S52 单片机的引脚

AT89S52 的封装形式有:塑料双列直插封装(PDIP)和贴片式封装(PLCC44、TQFP44),其外形和引脚图如图 1-1-2、图 1-1-3 所示。

PDIP 封装的 AT89S52 有 40 个引脚,可分为 I/O 口线、电源线、时钟振荡线和控制线,下面详细说明 PDIP 封装的 AT89S52 单片机的各个引脚功能。

1. I/O 口线

AT89S52 有 4 个 I/O 口,分别是 P0、P1、P2 和 P3,每个端口都有 8 个引脚,共有 32 个 I/O 引脚。

(1) P0 口　P0 口有 8 个引脚(39 脚～32 脚),分别用 P0.0～P0.7 表示,P0.0 为低位,P0.7 为高位。这 8 个引脚既可作输入端,也可

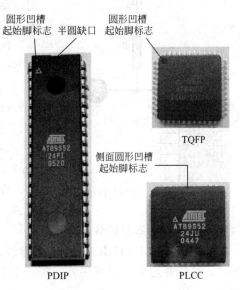

图 1-1-2　AT89S52 的外形图

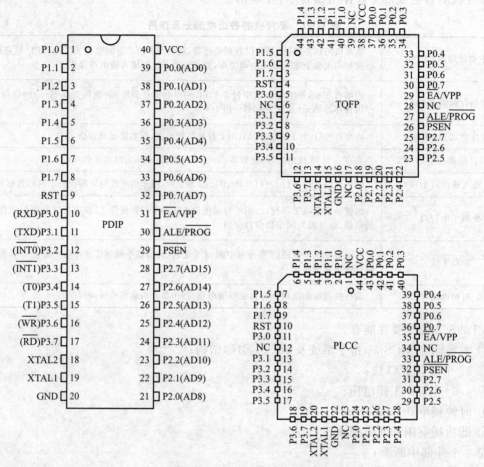

图 1-1-3　AT89S52 的引脚图

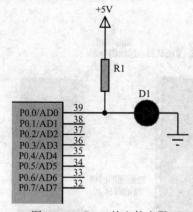

图 1-1-4　P0 口的上拉电阻

作输出端，作输出端时需要在外部引脚处外接上拉电阻，如图 1-1-4 所示，上拉电阻 R1 的阻值由外部负载电流决定。

P0 口除作普通 I/O 口使用外，还用于在访问外部存储器时，分时提供低 8 位地址 A0～A7 和 8 位双向数据总线（通过 ALE 信号区分）。

（2）P1 口　P1 口由 1 脚～8 脚组成，分别用 P1.0～P1.7 表示，作普通 I/O 口使用。

（3）P2 口　P2 口由 21 脚～28 脚组成，分别用 P2.0～P2.7 表示，除作普通 I/O 口使用外，在访问外部存储器时，提供高 8 位地址 A8～A15，与 P0 口提供的低 8 位地址 A0～A7 相配合，构成 16 位地址总线，从而可寻址 64K（2^{16}）的外部存储器。

（4）P3 口　P3 口由 10 脚～17 脚组成，分别用 P3.0～P3.7 表示。P3 口是一个多用途端口，除作普通 I/O 口使用外，每一个引脚还具有第二功能，各引脚的第二功能如表 1-1-2 所示。

表 1-1-2　P3 口各引脚的第二功能

引脚	第二功能	功能说明
P3.0	RXD	串行输入端
P3.1	TXD	串行数据输出端
P3.2	$\overline{INT0}$	外部中断 0 输入
P3.3	$\overline{INT1}$	外部中断 1 输入
P3.4	T0	定时/计数器 0 外部计数脉冲输入端
P3.5	T1	定时/计数器 1 外部计数脉冲输入端
P3.6	$\overline{WR}$	外部数据存储器的写选通端
P3.7	$\overline{RD}$	外部数据存储器的读取选通端

使用时应特别注意的是：P0～P3 口各引脚作输入端时，必须先对该引脚置 1，然后再执行外部数据读入操作。

2. 电源线

VCC（40 脚）：+5V 电源线；

GND（20 脚）：接地线。

3. 时钟振荡线

XTAL1（19 脚）、XTAL2（18 脚）：使用内部振荡器时，这两个端子用来外接石英晶体和电容，振荡频率为晶振频率。使用外部时钟时，XTAL1 用来输入外部时钟脉冲，XTAL2 悬空。

4. 控制线

（1）RST（9 脚）：复位信号，高电平有效。当此输入端保持两个机器周期（24 个时钟振荡周期）的高电平时，就可以完成复位操作。

（2）$\overline{PSEN}$（29 脚）：外部程序存储器的读选通信号，低电平有效。

（3）ALE/$\overline{PROG}$（30 脚）：地址锁存允许信号端。CPU 访问外部存储器时，ALE 输出脉冲的下降沿作为 16 位地址信号低 8 位的锁存信号。当单片机上电正常工作后，即使不访问外部存储器，ALE 引脚也不断输出频率为振荡频率 1/6 的脉冲信号。通过检测 ALE 端有无脉冲信号，可以判断芯片是否正常工作。访问外部数据存储器时，ALE 信号在两个机器周期中只出现一次，即丢失一个脉冲，因此 ALE 信号只能在系统无外部数据存储器时，用作系统中其他外部接口的时钟信号。此引脚的第二功能是对片内的 Flash 存储器编程时，作为编程负脉冲的输入端$\overline{PROG}$。

（4）$\overline{EA}$/VPP（31 脚）：外部程序存储器地址允许输入端/固化编程电压输入端。当$\overline{EA}=0$时，CPU 只访问片内程序存储器；当$\overline{EA}=1$时，CPU 访问内部程序存储器和外部程序存储器。此引脚的第二功能 VPP 是对片内 Flash 存储器编程时，作为编程电压（一般为 12～21V）的输入端。

四、单片机的最小系统

单片机的最小系统是指单片机能正常工作所必需的基本电路，包括电源电路、振荡电路和复位电路，三者缺一不可。在所有的单片机应用系统中，单片机必须具有以上三种电路，才能正常运行工作。

1. 电源电路

向单片机供电的电路。AT89S52 单片机的工作电压范围为：4.5～5.5V，通常给单片机外接 5V 直流电源。连接方式为：

VCC（40 脚）：接电源＋5V 端；

GND（20 脚）：接电源地端。

2. 振荡电路

振荡电路是单片机的心脏，为单片机的工作提供所需的时钟脉冲信号，控制着单片机的工作速度。振荡电路不动作，整个单片机电路就不能正常工作。AT89S52 常采用外接晶振的方式产生脉冲信号，在 XTAL1（19 脚）和 XTAL2（18 脚）一般外接 6MHz、12MHz 或 11.0592MHz 的石英晶体，最高可接 33MHz 的石英晶体，并在 18 脚和 19 脚分别对地接一个 15～33pF 的电容，通常选择 20pF、22pF 或 30pF。

3. 复位电路

复位电路产生复位信号，使单片机从初始状态开始工作。AT89S52 单片机的复位信号是高电平有效，通过 RST（9 脚）输入。在图 1-1-5 中，电阻 R0 和电容 C1 构成上电自动复位电路；按钮 S1 实现手动复位，在单片机工作出现混乱或"死机"时，使用手动复位可实现单片机"重启"。

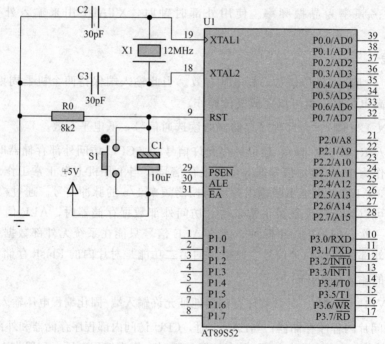

图 1-1-5 单片机的最小系统

任务实施

在 YL-236 实训装置上，将 MCU01 主机模块的 GND 和＋5V 与 MCU02 电源模块的 GND 和＋5V 分别相连，再将单片机的 ALE 端与示波器相连接，如果在示波器中观察到脉冲信号，则可初步判断单片机芯片是好的。

一、模块接线图

主机模块和电源模块之间的连接如图 1-1-6 所示。

二、实物接线图

在 YL-236 实训装置中，主机模块和电源模块之间的实物接线如图 1-1-7 所示。

三、实验效果图

将主机模块和电源模块正确连接后，用示波器观测单片机的 ALE 引脚，可见脉冲波形如图 1-1-8 所示。

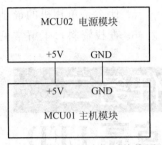

图 1-1-6 单片机芯片好坏接线图

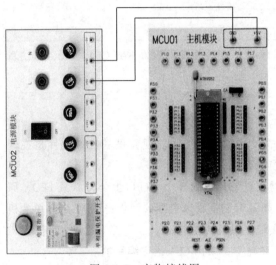

图 1-1-7 实物接线图

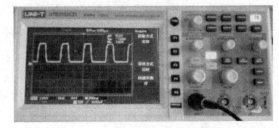

图 1-1-8 示波器观测脉冲波形图

任务考核评价

判断 AT89S52 单片机芯片好坏的任务考核评价见表 1-1-3。

表 1-1-3 任务考核评价表

	评价内容	分值	评分标准	得分
硬件连接	模块选择	10	模块选择错误，一处扣 3 分	
	导线连接	20	导线连接错误，每处扣 3 分 导线连接不规范，每处扣 2 分	
示波器的使用	仪表的连接	20	错误一处扣 4 分	
	仪表的调试	30	调试一次不成功扣 10 分	
安全文明操作	遵守安全文明操作规程	20	违反安全操作规程，酌情扣 3～10 分	

拓展练习

1. AT89S52 单片机内部包含哪些主要逻辑功能部件？各有什么作用？

2. AT89S52 的 P0、P1、P2、P3 口分别对应哪些引脚？

3. AT89S52 的 P0～P3 作通用 I/O 输入数据时应注意什么？

4. 对单片机 AT89S52 的复位信号有什么要求？

5. 什么是单片机的最小系统？包括哪些电路？

6. 查找资料，了解常见的其他类型单片机。

任务二 ▷▷▷

点亮 LED

任务描述

利用单片机点亮 8 只 LED。通过完成本任务，学习单片机的开发软件 Keil C51，Proteus 仿真软件和单片机的常用外围硬件电路。

任务分析

利用单片机实现控制要求，应包括硬件电路的设计和软件编程。硬件是基础，软件是在硬件的基础上设计的，用来控制单片机实现不同的控制要求。

本任务的硬件电路除单片机最小系统外，还需要在单片机的 8 个 I/O 口上外接 8 只 LED，原理如图 1-2-1 所示。本书使用的实训设备是浙江亚龙教育装备股份有限公司生产的 YL-236 单片机实训考核装置，其中包括很多模块，配合使用可实现多种控制功能。

本书中的程序是在 Keil C51 μVision4 集成开发环境下，采用 C51 语言编写的。

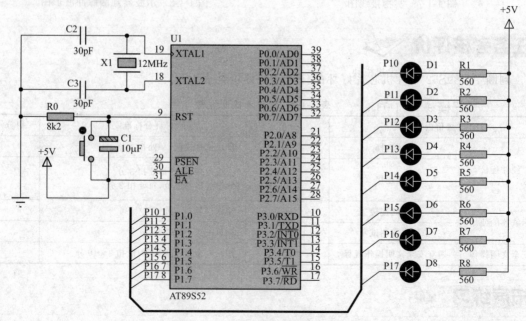

图 1-2-1　点亮 8 只 LED 的原理图

知识准备

一、单片机常用外围硬件电路

YL-236 型单片机实训考核装置共有 12 个模块，模块之间的不同连接可实现多种控制功能。本书主要学习其中的 8 个模块，下面先来了解一下它们的功能。

1. 主机模块 MCU01

主机模块如图 1-2-2 所示，它不仅具有单片机最小系统，还包含了全部 I/O 连接口、RS232 串行通信接口、下载接口和蜂鸣器电路。

2. 电源模块 MCU02

电源模块如图 1-2-3 所示，它可以为整个实训装置提供±5V、±12V 和 24V 的直流稳压电源，每个直流电源都装有熔丝作短路保护。电源模块安装了单相漏电保护开关，以避免接线错误引起的短路、漏电等事故。

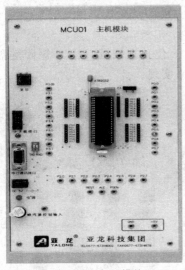

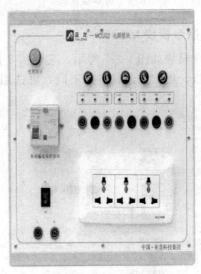

图 1-2-2　主机模块　　　　　　　　　图 1-2-3　电源模块

3. 仿真器模块 MCU03

仿真器模块如图 1-2-4 所示，它用来模拟单片机的实际运行，供学习者对编写的程序进行实时在线的单步运行，方便编程和调试程序。

4. 显示模块 MCU04

显示模块如图 1-2-5 所示，包括 8 只 LED 灯，8 位 LED 数码管显示器，32×16 点阵显示屏，1602 液晶显示屏，12864 液晶显示屏，可用来学习各种显示器的控制原理与编程方法。

5. 继电器模块 MCU05

继电器模块如图 1-2-6 所示，它包含 6 个独立的继电器，前两个继电器的接口可连接单相 220V 的交流电，该模块中采用了光电耦合器将 5V 电压和 12V 电压进行了隔离，具有保护芯片不受干扰的优点。

图 1-2-4　仿真器模块

图 1-2-5　显示模块

6. 指令模块 MCU06

指令模块如图 1-2-7 所示，它包括 8 位钮子开关，8 位独立按键，4×4 矩阵键盘和 PS2 键盘接口，根据控制任务的不同，可选用不同的开关来实现。

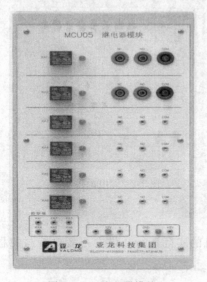

图 1-2-6　继电器模块

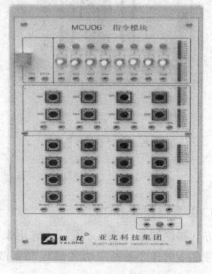

图 1-2-7　指令模块

7. 交、直流电动机模块 MCU08

交、直流电动机模块如图 1-2-8 所示，包括交、直流电动机各一台，在每个电机的硬件电路中都有一个控制继电器，可方便地控制电动机停止和动作。

8. 步进电机控制模块 MCU09

步进电机控制模块如图 1-2-9 所示，包括一台步进电机、步进电机驱动器、刻度尺和可调电位器。

图 1-2-8 交、直流电动机模块

图 1-2-9 步进电机控制模块

二、Keil C51 软件开发系统

Keil C51 是美国 Keil Software 公司出品的 51 系列兼容单片机 C 语言软件开发系统，与汇编语言相比，C 语言在功能上、结构性、可读性、可维护性上有明显的优势，易学易用。在 Keil C51 中可以完成编辑、编译、连接、测试、仿真等整个开发流程。下面以点亮一只 LED 为例，介绍如何建立一个 Keil C51 的应用程序。

1. 启动 Keil C51 软件

双击桌面上的 Keil μVision4 快捷图标，进入 Keil μVision4 的操作界面，如图 1-2-10。

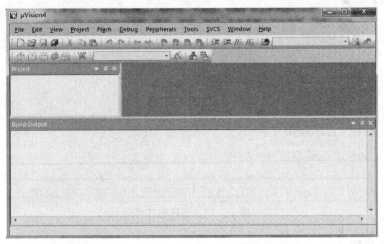
图 1-2-10 Keil μVision4 的操作界面

2. 建立一个新工程

从主菜单上选择 Project 选项，在下拉菜单中选择 New μVision Project 命令，弹出一个新建工程对话框，如图 1-2-11 所示。根据提示输入工程文件名，并选择保存的位置，单击"保存"按钮。

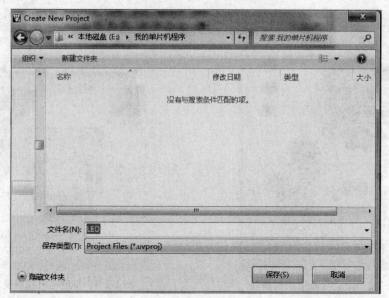

图 1-2-11　创建新工程

3. 选择单片机

建立工程后，μVision 会弹出选择器件对话框，如图 1-2-12 所示，这里选择 Atmel 公司生产的 AT89S52 单片机。单击"确定"按钮，就建好了一个工程。

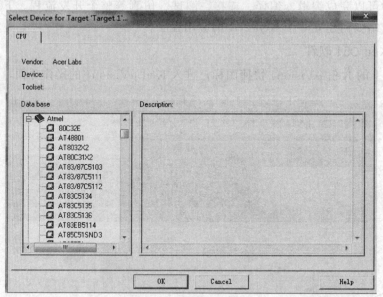

图 1-2-12　选择单片机

4. 编辑 C 程序

从菜单栏选择 File 菜单下的 New 命令，就可以在程序编辑窗口编写 C 文件了，如图 1-2-13 所示，或者把已有的 C 程序从其他地方直接复制到程序编辑窗口，然后进行编译。

在打开的 C 程序编辑窗口中，写入点亮 LED 的程序。然后选择 File 菜单下的 Save 命令，在弹出的对话框中给文件命名，文件名的后面加扩展名.c，如点亮 LED.c，如图 1-2-14，单击"保存"按钮，编辑的 C 程序文件就会被保存。

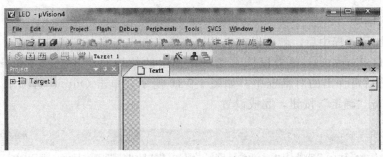

图 1-2-13　编辑 C 程序窗口

图 1-2-14　保存 C 程序

5. 将 C 程序添加到新工程中

将上面编辑的源程序加入到前面所创建的工程中。在左边工程文件管理窗口中 Target1 目录下的 Source Group1 上单击鼠标右键，在弹出的快捷菜单中选择 Add Files to Group 'Source Group1'。然后在弹出的对话框中找到刚才保存的源文件点亮 LED.c，如图 1-2-15 所示，单击 Add 按键，源文件就加到了工程中，然后再单击 Close 按钮，关闭对话框。

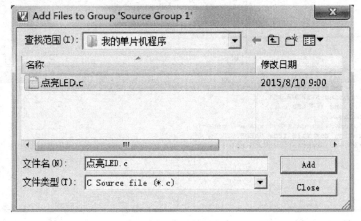

图 1-2-15　将 C 程序添加到工程中

6. 编译 C 程序

将程序添加到工程中后，就可以对它进行编译。首先需要对工程进行必要的设置。在工程文件管理窗口 Target1 上单击鼠标右键，在弹出的快捷菜单中选择 Options for Target 'Target 1'，然后再弹出的对话框中，如图 1-2-16 所示，单击 Output 选项卡，选中 Create HEX File，单击"确定"按钮，完成设置。

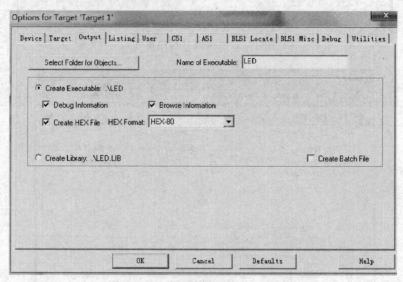

图 1-2-16 设置编译后输出 hex 文件

选择菜单栏 Project 下的 Rebuild All Target Files 命令，或单击工具栏中的 ，对源程序进行编译，编译后生成了需要的 hex 文件，并自动保存为"LED. hex"，如图 1-2-17 所示。下面方框中显示编译的结果，可根据提示进行源程序的修改，直到源程序编译正确。

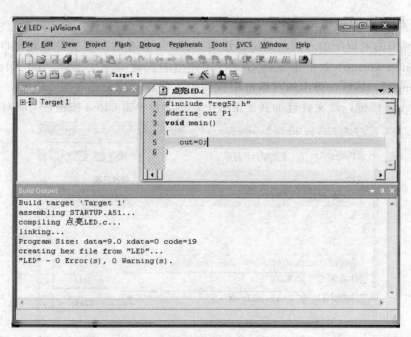

图 1-2-17 C 程序的编译

7. hex 文件的下载

要使单片机按程序实现控制要求，就应该把编译好的 hex 文件下载到单片机中。

首先将下载线一端接计算机的 USB 端口，另一端接到实验板 ISP 下载线的接口上。然后，给实验板通电，电源指示灯亮。

双击计算机桌面上的 ISP 下载图标，在弹出的对话框中单击"调入 Flash 文件"按钮，找到编译后生成的"LED.hex"文件，如图 1-2-18 所示。

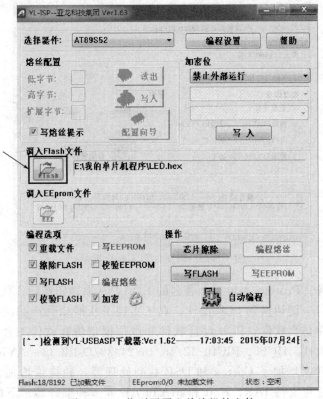

图 1-2-18 找到要写入单片机的文件

单击"自动编程"按钮，将刚打开的 hex 文件写入单片机中，如图 1-2-19 所示。在下面的方框中会出现"操作成功"字样，说明程序已下载到单片机中。

8. 观察程序运行结果

程序写入单片机后，就可以观察到程序的运行结果了，接在 P1 端口上的 8 只 LED 被点亮。如果没有关闭下载软件，当修改程序并重新生成 hex 文件后，可以直接再次单击"自动编程"按钮，修改后的 hex 文件就会重新写入单片机，而不需要再次寻找并打开 hex 文件。因此，在观察演示完一个程序的运行情况后，可对这个程序在 Keil C51 中进行修改，修改后编译，再写单片机观察修改效果。这样，可方便地实现对程序的调试。

三、Proteus 仿真软件

Proteus 软件是英国 Lab Center Electronics 公司出版的 EDA 工具软件。它不仅具有其他 EDA 工具软件的仿真功能，还能仿真单片机及外围器件。它是目前比较好的仿真单片机及外围器件的工具，已受到单片机爱好者、从事单片机教学的教师、致力于单片机开发应用

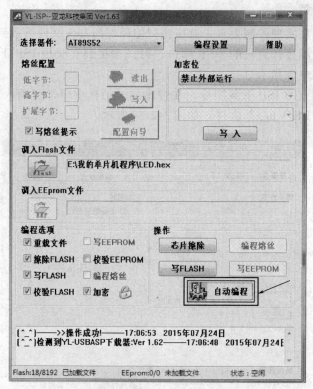

图 1-2-19　将文件写入单片机中

的科技工作者的青睐。Proteus 是世界上著名的 EDA，从原理图布图、代码调试到单片机与外围电路协同仿真，一键切换到 PCB 设计，真正实现了从概念到产品的完整设计。它是目前世界上唯一将电路仿真软件、PCB 设计软件和虚拟模型仿真软件三合一的设计平台，其处理器模型支持 8051、HC11、PIC10/12/16/18/24/30/DsPIC33、AVR、ARM、8086 和 MSP430 等，2010 年又增加了 Cortex 和 DSP 系列处理器，并持续增加其他系列处理器模型。在编译方面，它也支持 IAR、Keil 和 MATLAB 等多种编译器。下面以点亮一只 LED 为例说明 Proteus 仿真软件的使用。

1. 启动 Proteus 仿真软件

Proteus 仿真软件安装完后，双击桌面上的 ISIS 7 Professional 图标 ，或单击桌面左下方的"开始"→"程序"→"Proteus 7 Professional"→"ISIS 7 Professional"，出现 Proteus ISIS 的工作界面，如图 1-2-20 所示。

Proteus ISIS 的工作界面包括标题栏、主菜单、标准工具栏、绘图工具栏、状态栏、对象选择按钮、方位控制按钮、仿真进程控制按钮、预览窗口、对象选择器窗口、图形编辑窗口。

2. 新建设计文件

打开 Proteus ISIS 工作界面，单击"文件"→"新建设计"命令，弹出模板选择对话框，选择好模板后单击"确定"按钮，如图 1-2-21 所示。

3. 保存设计文件

单击"文件"→"保存设计"命令，在弹出的保存对话框中设置好保存路径和文件名，单击"保存"按钮，如图 1-2-22 所示，完成新建设计文件的保存。

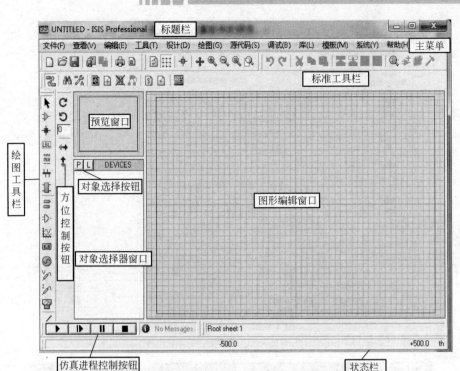

图 1-2-20 Proteus ISIS 的工作界面

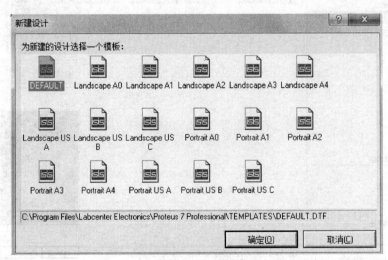

图 1-2-21 模板选择

4. 原理图的绘制

点亮 LED 的原理图如图 1-2-1 所示。电路的核心元件是单片机 AT89S52，此外还有单片机的振荡电路、复位电路、电源、电阻、发光二极管等元件。原理图的绘制包括以下几个步骤。

（1）将所需元件加入到对象选择器窗口。单击对象选择按钮 P，弹出 "Pick Devices" 对话框，在 "关键字" 下的方框内输入 AT89S52（如果 Proteus 中没有 AT89S52，可以用 AT89C52 代替，它们的仿真特性相同，在这里用 AT89C52 代替 AT89S52），系统在对象库中进行搜索，并将搜索结果显示在 "结果" 中，如图 1-2-23 所示。

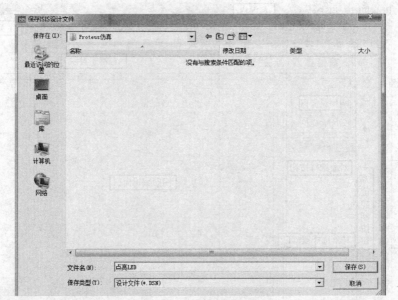

图 1-2-22　保存设计文件

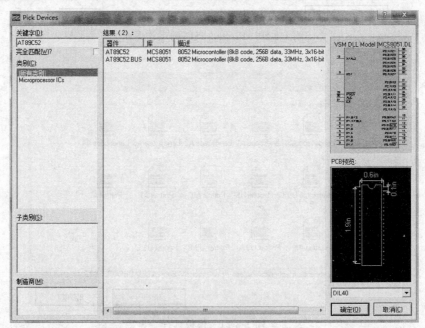

图 1-2-23　元件搜索界面

在"结果"栏中，选中 AT89C52，单击"确定"按钮，则将"AT89C52"添加至对象选择器窗口。按照相同的方法，在关键字栏中，分别输入"LED-RED"、"RES"、"CAP"、"CAP-ELEC"、"CRYSTAL"、"BUTTON"，可将红色发光二极管、电阻、无极电容、电解电容、晶振、按钮添加至对象选择器窗口。

在对象选择器窗口中，单击"AT89C52"，在预览窗口中可以看到其对应的符号，如图 1-2-24所示；单击其他元件，也可以进行元件的预览。此时可单击相应的方位控制按钮 ↻ ↺ 0 ↔ ↕，可以对元件放置方向进行改变。这时，我们注意到在绘图工具栏中的元件模式按钮处于选中状态。

（2）将元件放置在图形编辑窗口。在对象选择器窗口，单击"AT89C52"，将鼠标移至图形编辑窗口中元件欲放位置，单击鼠标左键，完成元件的放置。同理，可将其他元件放置在图形编辑窗口。

电路图中的＋5V电源是这样放置的：单击绘图工具栏中的终端模式按钮，在对象选择器窗口中单击"POWER"，如图1-2-25所示，将鼠标移至图形编辑窗口中欲放电源的位置，单击鼠标左键，完成电源的放置。按相同的方法，在对象选择器中单击"GROUND"，可完成接地端的放置。

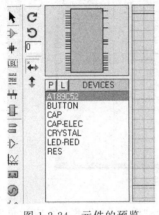

图1-2-24 元件的预览

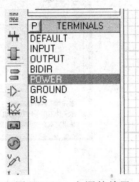

图1-2-25 电源的放置

按以上方法，根据电路图可将所需元件放置在图形编辑窗口，如图1-2-26所示。

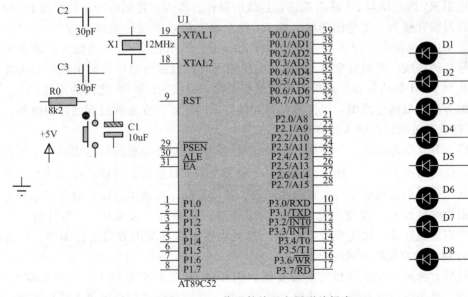

图1-2-26 将元件放置在图形编辑窗口

如果需要移动元件的位置，则将鼠标放置在该元件上，单击鼠标左键，此时元件的颜色变为红色，表明该元件已被选中，按住鼠标左键，拖动鼠标，将元件移至新位置后，松开鼠标，就完成了元件的移动。

若要删除元件，可右键双击该元件，或先左键单击选中元件，再按下 "Delete" 键删除。

（3）编辑元件，修改参数。在元件库中选择的元件，其参数可能不满足电路图中的要求。此时，需要编辑元件，修改相应的参数。例如，将电阻 R1 的阻值改为 560Ω。可将鼠标左键双击 R1，也可用鼠标右键单击 R1，选择 "编辑属性"，此时弹出 "编辑元件" 对话框，如图 1-2-27 所示。

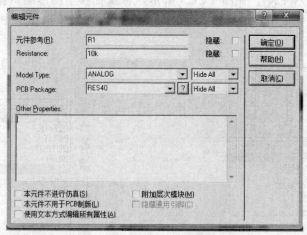

图 1-2-27　编辑元件

将元件的阻值 Resistance 由 10k 改为 560Ω，单击 "确定" 按钮，完成元件参数的更改。同理，根据电路图，可修改其他元件的参数。

（4）元件之间的连线。Proteus 具有自动检测连线的功能，可方便地在元件之间进行连线。例如将电阻 R1 的左端与 D1 的右端进行连线的操作过程为：将鼠标的指针靠近 R1 的左端连接点，此时指针变为一支笔的形状，在 R1 的左端连接点出现一虚线型方框 "⬚"，说明此时找到了 R1 的连接点，单击鼠标左键（单击一下，不用长按），移动鼠标，跟着鼠标会出现一条绿色的连线，将鼠标靠近 D1 的右端连接点时，鼠标的指针也会出现一个虚线型方框，说明找到了 D1 的连接点，此时，单击鼠标左键，完成 R1 和 D1 之间的连线。

按相同的方法，根据电路图，可完成其他元件之间的连线。在连线过程的任何时刻，都可以按 ESC 键或者按鼠标右键来放弃连线。

（5）总线与分支线的画法。当需要大量导线对相同的数据和地址进行连线时，经常需要使用总线来简化电路图的连线。使用总线时，先单击左侧工具栏的总线模式按钮 ╫，然后在电路图的适当位置单击鼠标左键放置总线起点，移动鼠标即可画出总线，双击鼠标放置总线终点，结束总线的绘制。在使用总线时，为了美观，拐角处一般采用 45° 偏转的方式绘制。方法是在需要偏转处，按住键盘 Ctrl 键，总线会按鼠标移动的方向进行偏转，单击鼠标，松开 Ctrl 键后结束偏转方式的绘制。

放置总线后，再画出与总线相连的分支线，例如将 D1 连接到总线上，将鼠标移至 D1 左侧的连接点，单击引出分支线，使其终点移近总线，在需要偏转的位置单击鼠标左键，按下 Ctrl 键，移动鼠标使连接线与总线中线相连，单击鼠标左键完成分支线的绘制。

在元件的连线过程中，如果下一次的连线路径与上一次的连线相同，则可在下一个要连接元件的引脚上双击，这样就会形成一条和上一条路径相同的连线。利用这种方法，可方便地绘制出其他分支线。

使用总线时，应在分支线上添加网络标号，系统会默认网络标号相同的引脚是连接在一起的。添加网络标号时，单击左侧工具栏连线标号按钮 <u>LBL</u>，然后将鼠标移至分支线上，当光标处出现"×"号时，单击鼠标左键，弹出编辑连线标号对话框，如图 1-2-28 所示。在标号栏中输入标号，单击"确定"按钮，完成网络标号的添加。在添加过程中，相互接通的导线必须标注相同的网络标号。

（6）电气规则检查。绘制好电气原理图后，应进行电气规则检查。单击菜单"工具"→"电气规则检查"，进行电气检测，根据测试报告对原理图进行修改，直到没有错误。如图 1-2-29所示。

图 1-2-28　编辑连线标号

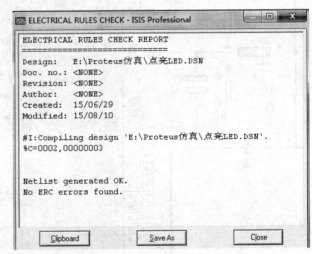

图 1-2-29　电气规则检查报告

5. 将程序下载到单片机中

将在 Keil C51 中编译生成的 hex 文件下载到单片机 AT89C52 中。鼠标左键双击 AT89C52，或者鼠标右键单击 AT89C52 并选择"编辑属性"，此时弹出"编辑元件"对话框，在 Program File 对应的项目中选择"点亮 LED.hex"文件，单击"确定"按钮，如图 1-2-30所示，这样就将相应的程序下载到单片机中了。

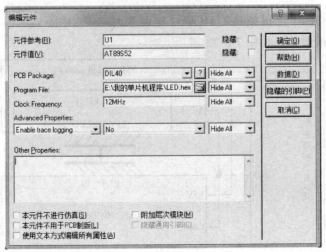

图 1-2-30　下载 hex 文件到单片机

6. 仿真调试

单击仿真运行开始按钮 ▶，可以观察到八只 LED 被点亮，电路中有很多红色和蓝色的小方块，如图 1-2-31 所示。其中，红色方块表示高电平，蓝色方块表示低电平。这样就可以方便地观察到程序的执行结果。按下停止按钮 ■，仿真停止。

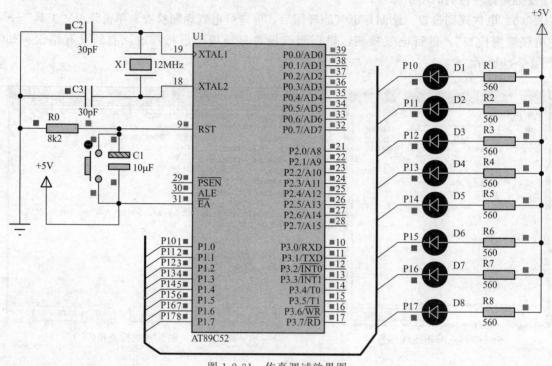

图 1-2-31　仿真调试效果图

任务实施

一、模块接线图

本任务采用 MCU01 主机模块、MCU02 电源模块、MCU04 显示模块，根据原理图将各模块进行连接，模块接线如图 1-2-32 所示。

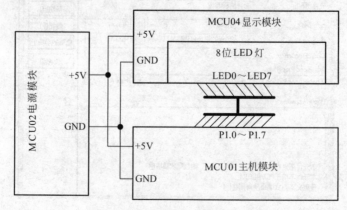

图 1-2-32　点亮 LED 模块接线图

二、实物接线图

YL-236 实训装置中，各模块之间的实物连接如图 1-2-33 所示。

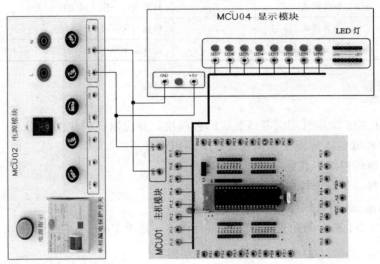

图 1-2-33　点亮 LED 实物接线图

三、参考程序

```
# include"reg52.h"
# define out P1;
void main( )
{
    out＝0;.
}
```

四、Proteus 仿真

从 Proteus 元件库中选择如下元件：单片机（AT89C52）、电阻（RES）、电容（CAP）、电解电容（CAP-ELEC）、晶振（CRYSTAL）、按钮（BUTTON）、LED（LED-RED），按图 1-2-1 绘制电路，将在 Keil 中调试编译生成的 hex 文件加载到单片机进行仿真验证。

任务考核评价

点亮 LED 的任务考核评价见表 1-2-1。

表 1-2-1　任务考核评价表

评价内容		分值	评分标准	得分
硬件连接	模块选择	10	模块选择错误，一处扣 3 分	
	导线连接	20	导线连接错误，每处扣 3 分 导线连接不规范，每处扣 2 分	

续表

评价内容		分值	评分标准	得分
软件编写	程序编写	20	程序错误一处扣2分	
	软件调试	20	软件调试一次不成功扣10分	
	仿真调试	20	仿真一次不成功扣10分	
安全文明操作	遵守安全文明操作规程	10	违反安全操作规程,酌情扣3～10分	

拓展练习

1. 熟悉 YL-236 单片机实训考核装置的各模块,并说出各模块的作用。
2. 简述在 Keil C51 环境中如何建立一个应用程序。
3. 简述如何将程序下载到单片机中。
4. 查找资料,学习单片机程序的调试方法。
5. 简述 Proteus 仿真软件的使用方法。
6. 参照图 1-2-1 所示的原理图,上机自行设计,熟悉 Proteus 的使用方法。

项目二
发光二极管的控制

💡 知识目标

① 熟悉 C51 程序的基本结构和设计方法；
② 掌握对单片机端口的控制方法和对端口某一位的控制方法；
③ 学会延时函数的编写及延时时间的计算。

💡 技能目标

① 能根据控制原理图将单片机与 LED 电路正确连接；
② 会根据控制要求设计出程序流程图；
③ 会用 Keil C51 编写源程序并进行编译，根据编译后的提示，判断程序是否出错并进行改正；
④ 能将编译好的 hex 文件下载到单片机，根据运行结果，会在线对程序进行修改。

💡 项目概述

交通信号灯、广告牌、霓虹灯的闪亮，不仅方便了人们的生活，也使城市的夜晚变得绚丽多彩。人们利用单片机可以方便、灵活地控制发光二极管（LED）以各种方式闪烁，得到理想的灯光效果。

本项目通过控制一只 LED 闪烁、8 只 LED 闪烁、流水灯和任意变化的 LED，实现单片机对 LED 任意发光效果的控制。

任务一 ▷▷▷

一只 LED 闪烁

任务描述

用单片机控制一只 LED 按 1Hz 的频率闪烁，即在 1s 的时间内，LED 点亮 0.5s，熄灭 0.5s。

一只 LED 闪烁常被用作各种报警信号，如温度、液位、电压的超限报警。

任务分析

　　发光二极管即 LED，是一种将电能变成光能的半导体器件，当它通过一定的电流时就会发光，其工作电流约为 3～10mA，工作电流太小，LED 点不亮；电流太大则容易损坏 LED，因此 LED 工作时必须串联一个阻值合适的限流电阻。LED 正向工作电压约为 1.2～2.5V。

　　要实现单片机对 LED 的控制，应将 LED 接在单片机的一个引脚上；要控制 LED 闪烁，单片机对 LED 的控制过程应是：点亮 LED→延时→熄灭 LED→延时，不断重复执行这一过程。因此，程序应能实现点亮 LED、熄灭 LED 和延时的功能。

知识准备

一、端口某一位的定义

　　程序中要求 P2.0 输出周期性的高、低电平，因此需要了解 C51 中是如何定义单片机引脚的。在 MCS-51 系列单片机中，端口 P0～P3 分别作为一个特殊功能寄存器，为了方便，C51 将各个厂商生产的单片机的各个特殊功能寄存器的定义放在一个特殊的文件中，编写 C 程序时，可先调用通用的 REG52.H 头文件。

　　如果要对特殊功能寄存器中的某一位进行操作，需要使用 sbit 命令定义特殊功能寄存器中的可寻址位。命令格式为：

```
sbit  位变量名＝特殊功能寄存器名^位位置；
```

　　在 C51 中，位变量名与其他变量名的命名规则是相同的，可以有字母、数字和下划线 3 种字符组成，且第一个字符必须为字母或下划线，变量名不能与单片机中的特殊功能寄存器名称相同。例如 P10、P1_0、led、_led 等都是符合要求的变量名，而像 P1.0、P1、P2 则不是合格的变量名。若要对 AT89S52 单片机 P1 端口的 P1.1 进行操作，可以使用如下命令进行定义：

```
sbit P1_1＝P1^1;
```

　　命令定义了 P1_1 表示 P1 口的 P1.1 位，P1_1＝1，表示控制 P1.1 输出高电平；P1_1＝0，表示控制 P1.1 输出低电平。这样通过 sbit 命令对端口的某一位进行定义，就可以方便地对其进行控制。

　　本任务中 LED 接在 P2 端口的 P2.0 位，使用如下的位定义命令：

```
sbit led＝P2^0;
```

　　变量 led 表示 P2 端口的 P2.0 位。若要使 LED 点亮，应控制 P2.0 输出低电平 "0"，使用的命令如下：

```
led＝0;
```

　　若要使 LED 熄灭，应控制 P2.0 输出高电平 "1"，使用的命令为：

```
led＝1;
```

二、延时程序的编写

　　在单片机中，每条指令的执行都需要一定的时间，这个时间是微秒级的。如果让单片机重复执行某些指令就可以达到延时的目的，这就是编写延时程序的思路。要正确计算延时时间，需要先了解几个相关的概念。

振荡周期：也称时钟周期，是指单片机所用晶振产生的时钟脉冲的周期，若选用晶振频率为 12MHz，振荡周期则为 $(1/12)$ μs。

机器周期：在单片机中，常把一条指令的执行过程划分为若干个阶段，每一阶段完成一项工作。例如，取指令、存储器读、存储器写等，这每一项工作称为一个基本操作。完成一个基本操作所需要的时间称为机器周期。

MCS-51 单片机规定一个机器周期包含 12 个振荡周期。例如晶振为 12MHz，一个机器周期则为 $12×(1/12)=1$μs。

指令周期：单片机执行一条指令所用的时间，一般由若干个机器周期组成。指令不同，所需的机器周期也不同。单片机中的指令有单周期指令、双周期指令和四周期指令，多数指令为单周期指令。

在编写延时程序时，常采用 for 循环来实现。程序执行时，对应每次循环所需的时间是两个机器周期，当单片机所使用的晶振为 12MHz 时，每次循环可延时 2μs。如果 for 循环中用无符号字符型变量来计数，则一个 for 语句最多循环 255 次，最多延时 510μs，达不到所需 0.5s 的时间。为了实现 0.5s 延时，可采用多重循环的方式完成。每重循环的循环次数可取为 0.5s/2μs=250000 的因数 200、250 和 5。

以下是一个延时 0.5s 的程序，采用三重循环来实现（这只是粗略的计算延时时间，要得到精确的延时时间，应不断地进行测试修改）。

```
void delay05s( )                    //定义延时 0.5s 函数
{
    unsigned char i,j,k;            //声明三个无符号字符型变量
    for(i=5;i>0;i--)                //外循环 5 次,每次约 0.1s,共延时 5×0.1s=0.5s
      {
        for(j=200;j>0;j--)          //循环 200 次,每次约 0.5ms,共延时约为 0.1s
          {
            for(k=250;k>0;k--)      //内循环 250 次,共延时约为 0.5ms
              {;}                   //什么也不做,但每次循环延时 2μs
          }
      }
}
```

延时函数中若采用无符号整型变量来计数，则一个 for 语句最多可循环 65535 次，大约可延时 65535×2μs=131070μs。延时函数也可采用 while ( ) 循环语句来实现，例如，要延时 0.1s，采用无符号整型变量计数时的延时程序为：

```
void delay01s( )
{
    unsigned int i=50000;
    while(i--);
}
```

三、C51 程序的书写格式

(1) C51 语句可以写在一行上，也可以写在多行上，还可以一行写多条语句，但每

条语句后面必须加分号";"作为结束符。通常为了便于程序的理解，一条语句写在一行上。

（2）表示层次的两个大括号通常写在该结构语句第一个字母的下方，上下对齐，各占一行；具有同一结构层次的语句，在行中缩进相同的字数。

（3）可用"//"和"/＊……＊/"对程序中的任何部分作注释，增加程序的可读性。

四、C51 的函数

函数是 C51 语言的重要组成部分，一个完整的函数包括类型说明、函数名、参数表、和函数体四个部分。一般形式如下：

```
类型　函数名(参数表)
{
    C 程序语句;                函
                              数
    return 语句;              体
}
```

函数类型是函数返回值的类型，由 return 语句中的表达式确定，如整形、字符型等；如无返回值，可用类型说明符为 void。函数名是一个标识符，其中的字母区分大小写。形参列表是函数名后用括号括起来的若干参数，参数之间用逗号隔开。当该函数被调用时，形参自动接收调用函数中的实参值。如果函数不带形参，形参列表为空，但括号不能省略。函数体是用大括号括起来的若干 C 语句，语句之间用分号隔开，用以完成函数的特定功能。return 语句用于返回函数的执行结果，如果没有返回值，则可以省略该句。

从函数定义的角度，可将函数分为主函数、自定义函数和库函数 3 种。

（1）主函数　主函数即 main（）函数，一个 C51 程序有且只能有一个主函数。无论 main（）函数在程序中放于何处，程序总是从 main（）函数开始执行，执行完 main（）函数后结束。main（）函数可以调用其他函数，而不能被其他函数调用。

（2）自定义函数　自定义函数是用户根据实际情况为完成特定功能而自行定义的函数，其一般形式如上所述。自定义函数之间可以相互调用，即相互嵌套。

（3）库函数　由 C51 编译环境提供而无须用户定义的函数。在程序中使用库函数时，只要将该库函数的头文件"＊.h"用 include 命令包含在源文件前部，就可以在程序中直接调用该库函数。

五、程序中几个语句的说明

（1）#include "reg52.h" 语句

"reg52.h"是单片机的头文件，文件中定义了单片机的特殊功能寄存器和中断。

#include 命令是文件包含指令，这条语句是将头文件"reg52.h"引入当前的程序中。用户在使用单片机 AT89S52 编写 C51 程序时，应首先用该语句调用"reg52.h"头文件。注意：该语句末尾不需要加分号";"结束。

（2）#define uchar unsigned char 语句

#define 命令是宏定义指令。该语句定义 uchar 表示 unsigned char（无符号字符型），

这样可以使后面的书写简单。又如：

```
# define uint unsigned int
# define PI 3.14159
# define TRUE 1
```

注意：该语句后不需要加分号";"结束。

（3）for 循环语句

for 语句的一般形式如下：

```
for(表达式 1;表达式 2;表达式 3)
{
语句;        //循环体
}
```

其中，表达式 1 一般为赋值语句；用于给循环变量赋初值；表达式 2 为条件判断语句，作为判断循环条件的真假；表达式 3 为循环变量的变化方式。for 语句在执行时，首先执行表达式 1，然后判断表达式 2 是否为真，如果为真，则执行一次循环体内的语句和表达式 3，并再次对表达式 2 进行判断，如果为假，则结束循环，程序执行循环体外的后续语句。

（4）while 语句

while 循环语句的一般形式为：

```
while(表达式)
{
语句;          //循环体
}
```

while 语句在执行时首先判断表达式是否为真（非 0），如果为真，则执行一次循环体内的语句，然后再次判断表达式的值，直到表达式的值被判定为假（为 0）时，结束循环，程序执行循环体外的后续语句。

任务实施

一、电路设计

电路原理如图 2-1-1 所示，LED 的正极通过电阻 R1 接＋5V 电源，负极接单片机的 P2.0 引脚，电阻 R1 为限流电阻。此外，电路中还包括单片机的最小系统：振荡电路，复位电路和电源电路。

二、程序设计

图 2-1-1 中，当 P2.0 输出低电平"0"时，LED 点亮；输出高电平"1"时，LED 熄灭。要实现 LED 按 1Hz 频率闪烁的任务，应使单片机 P2.0 端口周期性的出现高电平和低电平，高、低电平应各延时 0.5s，单片机控制一只 LED 闪烁的流程图如图 2-1-2 所示。

程序编写时，因为要反复执行一个程序段，因此用 while（1）循环结构，循环结构内部为顺序结构，整个程序的组成和结构为：

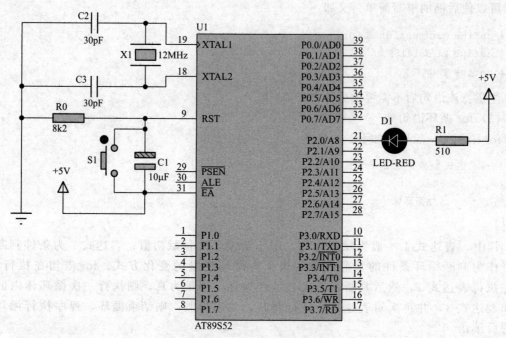

图 2-1-1　一只 LED 闪烁的原理图

包含头文件语句
无符号 8 位数声明
引脚声明；
延时子程序
void main( )
{
　　while(1)
　　{
　　　P2.0 输出低电平 0；
　　　延时 0.5s；
　　　P2.0 输出高电平 1；
　　　延时 0.5s；
　　}
}

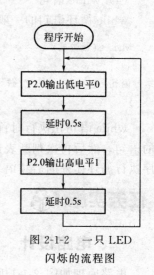

图 2-1-2　一只 LED
闪烁的流程图

参考程序

```
/* 一只 LED 按 1Hz 频率闪烁的程序 samp2-1.c* /
# include"reg52.h"                      //包含头文件，声明各个特殊功能寄存器
# define uchar unsigned char            //为了书写简单，定义 uchar 表示无符号字符型
sbit led= P2^0;                         //定义 led 变量表示 P2.0 引脚
void delay05s(void)                     //延时 0.5s 子程序
{
    unsigned char i,j,k;                //声明三个无符号字符型变量
    for(i=5;i>0;i--)                    //外循环 5 次，每次约 0.1s,共延时 5×0.1s=0.5s
    {
```

```
            for(j=200;j>0;j--)              //循环 200 次,每次约 0.5ms,共延时约为 0.1s
              {
                  for(k=250;k>0;k--)        //内循环 250 次,共延时约为 0.5ms
                    {;}                      //什么也不做,但每次循环延时 2μs
              }
          }
}
void main()                                  //主函数
{
   while(1)                                  //无限循环
     {
     led=0;                                  //点亮 LED
     delay05s();                             //延时 0.5s
     led=1;                                  //熄灭 LED
     delay05s();                             //延时 0.5s
     }
}
```

三、Proteus 仿真

从 Proteus 元件库中选择如下元件：单片机（AT89C52）、电阻（RES）、电容（CAP、CAP-ELEC）、晶振（CRYSTAL）、按钮（BUTTON）、发光二极管（LED-RED）。按图 2-1-1 绘制连接电路。在 Keil 中调试编译程序代码，并生成 hex 可执行文件，加载到单片机进行仿真调试。

四、模块接线图

在 YL-236 实训装置中，要实现一只 LED 的闪烁，需选用 MCU01 主机模块、MCU02 电源模块和 MCU04 显示模块，根据原理图将各模块进行连接，接线如图 2-1-3 所示。

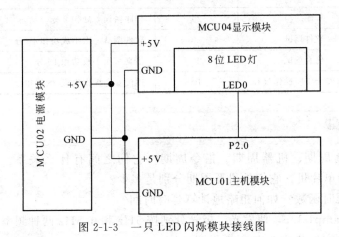

图 2-1-3　一只 LED 闪烁模块接线图

五、实物接线图

在 YL-236 实训装置中，各模块之间的实物接线如图 2-1-4 所示。

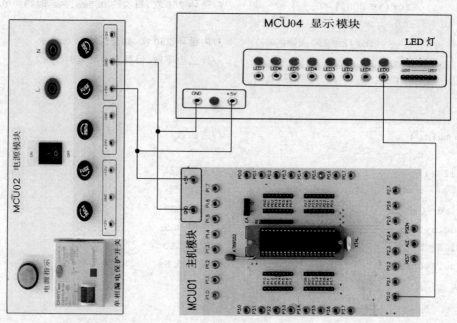

图 2-1-4　一只 LED 闪烁实物接线图

任务考核评价

一只 LED 闪烁的任务考核评价见表 2-1-1。

表 2-1-1　任务考核评价

评价内容		分值	评分标准	得分
硬件连接	模块选择	10	模块选择错误,一处扣 3 分	
	导线连接	20	导线连接错误,每处扣 3 分 导线连接不规范,每处扣 2 分	
软件编写	程序编写	20	程序错误一处扣 2 分	
	软件调试	20	软件调试一次不成功扣 10 分	
	仿真调试	20	仿真一次不成功扣 10 分	
安全文明操作	遵守安全文明操作规程	10	违反安全操作规程,酌情扣 3~10 分	

拓展练习

1. 什么是振荡周期、机器周期、指令周期?它们之间有什么关系?一个分别工作于 6MHz、12MHz 的单片机,它们的机器周期分别是多少?

2. 如何编写延时函数?如何粗略地计算延时时间?

3. 修改程序 samp1-1.c,使发光二极管分别按 5Hz 和 0.5Hz 两种频率闪烁发光。

4. 如何编写占空比非 50% 的闪烁程序?

5. 如何控制 LED 的亮度?如何加快或减慢闪烁速度?

任务二

8 只 LED 闪烁

任务描述

在任务一中，学习了用单片机控制 1 只 LED 闪烁，而美丽的彩灯总是由多只 LED 的闪烁构成的，那么如何用单片机控制多只 LED 的闪烁？在这一任务中，将学习单片机控制 8 只 LED 按 1Hz 的频率闪烁，即在 1s 的时间内，8 只 LED 同时点亮 0.5s，同时熄灭 0.5s。

任务分析

要实现单片机对 8 只 LED 的控制，应将 8 只 LED 接在单片机的 8 个 I/O 上；要控制 8 只 LED 同时闪烁，应使 8 个 I/O 同时输出低电平 0.5s，再同时输出高电平 0.5s，周而复始，循环执行。

知识准备

在 MCS-51 系列单片机中，将端口 P0～P3 都分别作为一个特殊功能寄存器，每一个都有具体的地址，端口 P0～P3 所对应的特殊功能寄存器的地址为 80H、90H、A0H、B0H。在 C51 中，需要对单片机内部这些具体地址进行操作，才能针对具体端口进行输入/输出。为了方便，C51 使用 sfr 命令来定义单片机的端口，如：

　　sfr P0＝0x80;

这条命令定义了变量 P0 代表地址为 0x80 的特殊功能寄存器。在以后的程序中，对变量 P0 的操作就相当于对端口 P0 的操作。头文件 reg51.h 包含了 MCS-51 单片机各个特殊功能寄存器的定义，在编写 C 程序时，不必再对特殊功能寄存器进行定义，只要在源文件开始时调用该头文件，就可以对各端口直接进行控制了。如命令"P0＝0x01;"，就是从 P0 口输出 01H，即 P0.7～P0.0 各端口分别输出 00000001；又如命令"Y＝P1;"，是将单片机 P1 口的状态读入并保存在变量 Y 中。

本任务中，要点亮 8 只 LED，应使 P1 口全部输出低电平，应使用的命令是：

　　P1＝0x00;

要熄灭 8 只 LED，应使 P1 口全部输出高电平，应使用的命令是：

　　P1＝0xFF;

同理，如要点亮第 2、4、6、8 只 LED，应使用的指令是：

　　P1＝0x55;

任务实施

一、电路设计

电路原理如图 2-2-1 所示，8 只 LED 的正极连在一起接 5V 电源的正极，负极通过电阻接在 P2 的 8 个端口，电阻为限流电阻。

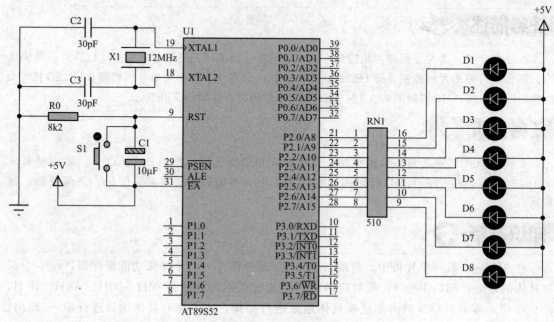

图 2-2-1　8 只 LED 闪烁的原理图

二、程序设计

要使 8 只 LED 同时点亮，P2 的 8 个端口应同时输出低电平；反之，要使 8 只 LED 同时熄灭，P2 的 8 个端口应同时输出高电平。因此，控制 8 只 LED 闪烁的流程图如图 2-2-2 所示。

根据流程图，可写出程序的组成和结构为：

```
包含头文件语句
无符号 8 位数声明
端口声明；
延时子程序
void main()
{
    while(1)
    {
        P2 口输出低电平 0；
        延时 0.5s；
        P2 口输出高电平 1；
        延时 0.5s；
    }
}
```

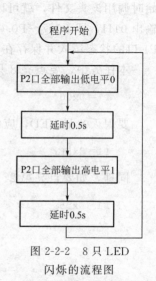

图 2-2-2　8 只 LED
闪烁的流程图

参考程序

```
/* 8只 LED 按 1Hz 频率闪烁的程序 samp2-2.c* /
# include<reg51.h>
# define uchar unsigned char
void delay05s(void)
{
    unsigned char i,j,k;            //声明三个无符号字符型变量
    for(i=5;i>0;i--)                //外循环 5 次,每次约 0.1s,共延时 5×0.1s=0.5s
      {
        for(j=200;j>0;j--)          //循环 200 次,每次约 0.5ms,共延时约为 0.1s
          {
            for(k=250;k>0;k--)      //内循环 250 次,共延时约为 0.5ms
              {;}                   //什么也不做,但每次循环延时 2μs
          }
      }
}
void main(void)
{
    while(1)
      {
        P2=0x00;
        delay05s();
        P2=0xFF;
        delay05s();
      }
}
```

三、仿真调试

从 Proteus 元件库中选择元件,按图 2-2-1 绘制连接电路。在 Keil C51 中对程序 samp2-2.c 进行调试编译,并生成 hex 可执行文件,加载到单片机进行仿真调试。

四、模块接线图

在 YL-236 实训装置中,要实现 8 只 LED 的闪烁,需选用 MCU01 主机模块、MCU02 电源模块和 MCU04 显示模块,根据原理图,将各模块进行连接,模块接线如图 2-2-3 所示。

五、实物接线图

在 YL-236 实训装置中,各模块之间的实物接线如图 2-2-4 所示。

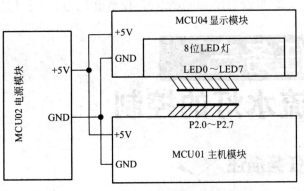

图 2-2-3　8 只 LED 闪烁模块接线图

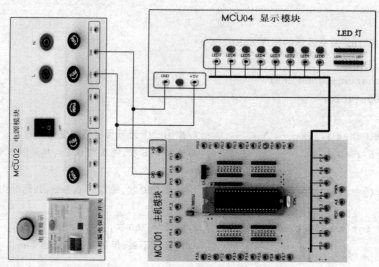

图 2-2-4　8 只 LED 闪烁实物接线图

任务考核评价

8 只 LED 闪烁的任务考核评价见表 2-2-1。

表 2-2-1　任务考核评价

评价内容		分值	评分标准	得分
硬件连接	模块选择	10	模块选择错误,一处扣 3 分	
	导线连接	20	导线连接错误,每处扣 3 分 导线连接不规范,每处扣 2 分	
软件编写	程序编写	20	程序错误一处扣 2 分	
	软件调试	20	软件调试一次不成功扣 10 分	
	仿真调试	20	仿真一次不成功扣 10 分	
安全文明操作	遵守安全文明操作规程	10	违反安全操作规程,酌情扣 3~10 分	

拓展练习

1. 修改程序 samp2-2.c,控制第 1、3、5、7 个 LED 按 2Hz 频率同时闪烁。
2. 修改程序 samp2-2.c,控制第 2、4、5 个 LED 按 1Hz 频率同时闪烁。

任务三 ▷▷▷
流水灯的控制

任务描述

流水灯,也称跑马灯,是让 LED 灯从左到右或从右到左依次点亮。本任务控制 YL-236 实训装置中的 8 只 LED 从右到左依次点亮。

任务分析

要实现对 8 只 LED 的控制，首先将它们接到单片机的一个端口上，比如将 8 只 LED 从右向左依次接到 P2.0～2.7。要使右端第一个 LED 点亮，应使 P2.0 输出 0，其余各位输出 1，也就是说 P2 口各位应输出的二进制从高到低依次为：1111 1110，即十六进制数 0xFE；同理，要点亮第二只 LED，P2 口应输出的二进制数为：1111 1101，即十六进制数 0xFD。因此，要使 8 只 LED 从右到左依次点亮，P2 口各位应输出的二进制数分别为：1111 1110、1111 1101、1111 1011、1111 0111、1110 1111、1101 1111、1011 1111、0111 1111。从以上数据可以看出一个规律：二进制数 0 依次向左移动了一位。数据的这种变化可通过移位运算或循环移位函数分别来实现。只要编写程序实现数据的上述变化，就可以实现 LED 从右到左依次点亮的效果。

知识准备

在 C51 中，实现数据的移位有两种方法，移位运算和循环移位函数，下面分别进行说明。

一、移位运算

C51 中移位运算有两种，左移位运算"<<"和右移位运算">>"，其使用格式如下：

左移语句格式:变量名(或操作数)<<左移位数
右移语句格式:变量名(或操作数)>>右移位数

它们分别是将操作数的各位按要求向左或向右移动相应的位数，这里的移位不是循环移位，当某一位从一端移出时，另一端移入 0。从一端移出的位永远丢失，另一端补 0。例如：

a＝a<<1;

这条语句是将 a 的二进制数左移 1 位，再赋值给 a。若 a＝12，即二进制数 0000 1100，左移 1 位得 0001 1000，即十进制数 24。

再如：

b＝b>>2;

若 b＝20，即二进制数 0001 0100，右移 2 位得 0000 0101，即十进制数 5。

二、循环移位函数

在 C51 的头文件 intrins.h 中有两个循环移位函数，循环左移位函数 _crol_ ( ) 和循环右移位函数 _cror_ ( )，其使用格式如下：

循环左移位函数:_crol_(变量名,左移位数);
循环右移位函数:_cror_(变量名,右移位数);

循环移位过程中，从一端移出的位被送回到另一端去，例如：

a＝0xFE;
b＝_crol_(a,1);

其中，a＝0xFE，即二进制数 1111 1110，循环左移 1 位后得 1111 1101，即 b＝0xFD。

注意：使用循环左移位函数 _ crol _（ ）和循环右移位函数 _ cror _（ ）时，必须在程序的开始位置包含"intrins. h"，即应有指令♯include "intrins. h"。

任务实施

一、电路设计

电路原理如图 2-2-1 所示。

二、程序设计

1. 使用移位运算

使用移位运算时，无法直接实现上述数据的变化，但如果将它们按位取反后，数据就变成了 0x01、0x02、0x04、0x08、0x10、0x20、0x40、0x80，这些数据就可以直接使用左移位运算来实现。因此，使用移位运算时，可以这样来完成任务：先给某一变量赋初值 0x01，将其按位取反后的值（即反码）从 P2 口输出、延时，将变量的值左移 1 位，再将其反码从 P2 口输出并延时，直到输出所有数据，再重复整个过程，其控制流程如图 2-3-1 所示。

根据流程图，可写成程序的组成和结构：

```
包含头文件
无符号 8 位数声明
延时子程序
void main( )
{
        变量声明;
        while(1)
        {
          变量赋初值 0x01;
          for(i＝0;i＜8;i＋＋)
          {
            变量取反送 P2 口;
            延时;
            变量左移 1 位;
          }
        }
}
```

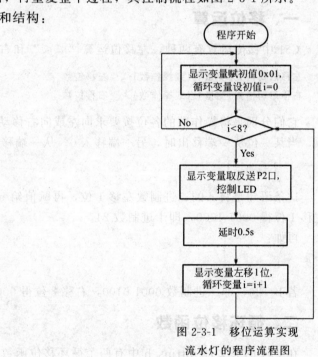

图 2-3-1　移位运算实现流水灯的程序流程图

参考程序

```
/* 使用移位运算实现流水灯的控制程序 samp2-3. c  * /
# include"reg52. h"
# define uchar unsigned char
void delay05s(void)              //延时 0.5s 函数
{
    unsigned char i,j,k;         //声明三个无符号字符型变量
    for(i=5;i＞0;i--)            //外循环 5 次，每次约 0.1s，共延时 5×0.1s＝0.5s
      {
```

```
    for(j=200;j>0;j--)          //循环 200 次,每次约 0.5ms,共延时约为 0.1s
        {
            for(k=250;k>0;k--)   //内循环 250 次,共延时约为 0.5ms
              {;}                //什么也不做,但每次循环延时 2μs
        }
    }
}
void main( )
{
    uchar i,j;
    while(1)                     //无限循环
    {
      j=0x01;                    //j 初始化为 0x01,即 0000 0001
      for(i=0;i<8;i++)           //for 循环,完成 8 次循环,重复执行 8 次循环体
        {
            P2=~j;               //~j 表示将变量 j 中的二进制位取反
            delay05s( );         //延时 0.5s
            j=j<<1;              //变量 j 中的二进制位左移 1 位,并最低位补 0
        }
    }
}
```

2. 使用循环移位函数

在本任务中,P2 口应输出的数据可以通过循环左移位函数 _ crol _ ( )方便地得到,实现任务的思路是:先给某一变量赋初值 0xFE,并从 P2 口输出该变量并延时,将该变量循环左移 1 位,再从 P2 口输出并延时,直到输出所有数据,再重复整个过程。控制流程图如图 2-3-2 所示。

程序的组成和结构为:

```
包含头文件
无符号 8 位数声明
延时子程序
void main( )
{
  变量声明;
  while(1)
    {
      变量赋初值 0xFE;
      for(i=0;i<8;i++)
        {
            变量送 P2 口;
            延时;
            变量循环左移 1 位;
        }
    }
}
```

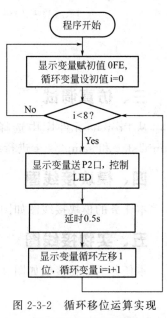

图 2-3-2　循环移位运算实现
流水灯的程序流程图

参考程序

```c
/* 使用循环移位函数实现流水灯的控制程序 samp2-4.c  */
# include"reg52.h"              //包含头文件,声明各个特殊功能寄存器
# include"intrins.h"            //包含头文件
# define uchar unsigned char
void delay05s(void)             //延时 0.5s 子程序
{
    unsigned char i,j,k;
    for(i=5;i>0;i--)
      {
        for(j=200;j>0;j--)
          {
            for(k=250;k>0;k--) //
              {;}
          }
      }
}
void main()
{
    uchar i,j;
    while(1)                    //无限循环
      {
        j=0xFE;                 //j 初始化为 0xFE,即 1111 1110
        for(i=0;i<8;i++)        //for 循环,完成 8 次循环,重复执行 8 次循环体
          {
            P2=j;               //将 j 的值赋值给 P2 口
            delay05s();         //延时 0.5s
            j=_crol_(j,1);      //变量 j 中的二进制位循环左移 1 位
          }
      }
}
```

三、仿真调试

从 Proteus 元件库中选择元件,按图 2-2-1 绘制连接电路。将在 Keil C51 中对程序 samp2-3.c 和 samp2-4.c 进行编译生成的 hex 文件分别下载到单片机进行仿真调试。

四、模块接线图

本任务的模块接线图如图 2-2-3 所示。

五、实物接线图

本任务的实物接线如图 2-2-4 所示。

任务考核评价

流水灯的任务考核评价见表 2-3-1。

表 2-3-1　任务考核评价

评价内容		分值	评分标准	得分
硬件连接	模块选择	10	模块选择错误，一处扣 3 分	
	导线连接	20	导线连接错误，每处扣 3 分 导线连接不规范，每处扣 2 分	
软件编写	程序编写	20	程序错误一处扣 2 分	
	软件调试	20	软件调试一次不成功扣 10 分	
	仿真调试	20	仿真一次不成功扣 10 分	
安全文明操作	遵守安全文明操作规程	10	违反安全操作规程，酌情扣 3～10 分	

拓展练习

1. 修改程序 samp2-3.c 或 samp2-4.c，使发光二极管从右向左依次点亮，移动到最左端时再向右移动，反复进行。

2. 修改程序 samp2-3.c 或 samp2-4.c，使发光二极管从左向右依次点亮，移动到最右端时全部发光二极管闪烁 3 次（频率为 1Hz），然后再从右向左移动，到最左端时又闪烁 3 次，反复进行。

3. 编写程序，控制两只 LED 从右向左实现流水灯的效果。

任务四

任意变化的 LED 控制

任务描述

在流水灯的控制中，单片机输出的数据是有规律变化的，通过移位运算或循环移位函数可以方便地实现。但是，如果让 LED 按时间依次显示出一些花样，控制数据之间没有任何规律，无法用计算的方式得到时，则可以采用一种简单、方便的方法——查表法来实现。使用查表法，可以控制 LED 的任意变化，设计出我们需要的花样，获得理想的灯光效果。

本任务仍以单片机控制 8 只 LED 为例说明，LED 的变化方式设为：先点亮 D1、D8，延时后熄灭，同时点亮 D2、D7，延时后熄灭……直到点亮 D4、D5，然后延时熄灭，同时控制 8 只 LED 一起闪烁两次，再控制 D1、D3、D5、D7 一起点亮，延时后熄灭，再控制 D2、D4、D6、D8 一起点亮。之后再重复整个过程。

任务分析 🔍

　　用单片机控制 LED 时，LED 的每次变化都对应 P2 口的一个八位二进制数，上述 LED 的变化方式对应 P2 口的数据依次应为：0x7E、0xBD、0xDB、0xE7、0x0、0xFF、0x0、0xFF、0xAA、0x55。这些数据之间没有规律，不能采用变量直接计算的方式实现数据前后的变化，这种情况下，在程序中把这些数据按顺序放入一个数组中，使用时按顺序读出数组中的元素就得到了所需的数据，实现了数据的无规律变化，这就是查表法。

知识准备 ➤

　　数组是把若干具有相同数据类型的变量按有序的形式组织起来的集合。其中，数组中的每个变量称为数组元素。数组和其他变量一样，要先定义才能使用。按照数组维数的不同，数组分为一维数组、二维数组，这里只介绍一维数组。

1. 数组的定义

数组定义的一般形式为：

　　类型说明符　数组名[常量表达式],……

常量表达式表示数组中元素的个数，即数组长度。例如：

　　unsigned char x[10],y[6];

它表示无符号字符型数组 x 有 10 个元素；无符号字符型数组 y 有 6 个元素。

2. 数组元素的引用

数组元素的表示形式为：

　　数组名[下标]

需要注意的是，数组元素的下标是从 0 开始的，如 a [5] 表示数组 a 中有 5 个元素，它们分别是 a [0]、a [1]、a [2]、a [3]、a [4]。

3. 数组的初始化

对数组的初始化可以在定义数组时对数组元素赋初值。例如：

　　int b[5]={10,2,22,13,15};

它表示整形数组 b 中有 5 个元素，它们分别为 b [0] =10，b [1] =2，b [2] =22，b [3] =13，b [4] =15。

任务实施 🔧

一、电路设计

电路原理如图 2-2-1 所示。

二、程序设计

　　程序设计思路是：将控制 LED 变化的数据存放在数组中，让程序依次读取数组中的值，并送 P2 口控制 LED，读完数组中的数据后再重新开始读数，程序流程如

图 2-4-1 所示。

　根据流程图，可写出程序的组成和结构为：

包含头文件
无符号 8 位数声明
延时子程序

```
void main()
{
    变量声明;
    while(1)
    {
        for(i=0;i<10;i++)
        {
            读取数组中的第 i 个元素送 P2 口;
            延时 0.5s;
        }
    }
}
```

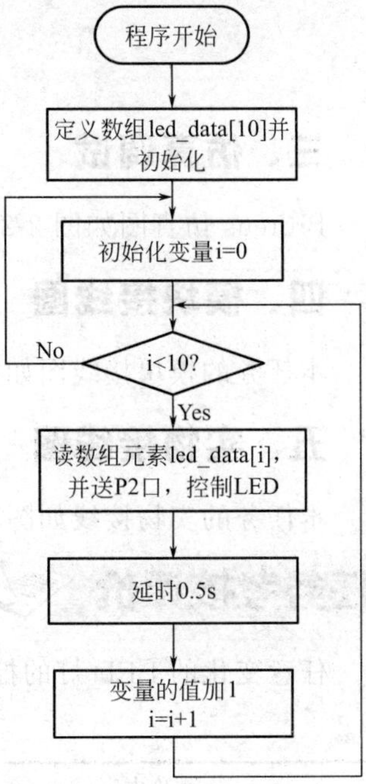

图 2-4-1 采用数组的
LED 控制程序流程图

参考程序

```c
/* 任意变化的 LED 控制程序 samp2-5.c */
# include"reg52.h"
# define uchar unsigned char
uchar dispcode[10]={0x7E,0xBD,0xDB,0xE7,0x0,0xFF,0x0,0xFF,0xAA,0x55};
void delay05s(void)
{
    unsigned char i,j,k;          //声明三个无符号字符型变量
    for(i=5;i>0;i--)              //外循环 5 次,每次约 0.1s,共延时 5×0.1s=0.5s
    {
        for(j=200;j>0;j--)       //循环 200 次,每次约 0.5ms,共延时约为 0.1s
        {
            for(k=250;k>0;k--)   //内循环 250 次,共延时约为 0.5ms
            {;}                   //什么也不做,但每次循环延时 2μs
        }
    }
}
void main()
{
    uchar i;
    while(1)                      //无限循环
    {
        for(i=0;i<10;i++)        //完成 10 次循环,重复执行 10 次循环体
        {
            P2=dispcode[i];       //将数组中的第 i 个元素 dispcode[i]送 P2 口
            delay05s();           //延时 0.5s
        }
```

```
    }
}
```

三、仿真调试

Proteus 仿真图如图 2-2-1 所示。

四、模块接线图

本任务的模块接线图如图 2-2-3 所示。

五、实物接线图

本任务的实物接线如图 2-2-4 所示。

任务考核评价

任意变化的 LED 灯的控制任务考核评价见表 2-4-1。

表 2-4-1　任务考核评价

评价内容		分值	评分标准	得分
硬件连接	模块选择	10	模块选择错误,一处扣 3 分	
	导线连接	20	导线连接错误,每处扣 3 分 导线连接不规范,每处扣 2 分	
软件编写	程序编写	20	程序错误一处扣 2 分	
	软件调试	20	软件调试一次不成功扣 10 分	
	仿真调试	20	仿真一次不成功扣 10 分	
安全文明操作	遵守安全文明操作规程	10	违反安全操作规程,酌情扣 3~10 分	

拓展练习

修改程序 samp2-5.c,实现一个自己设定的显示花样。

项目三
单片机对电动机的控制

🏮 知识目标

① 掌握独立按键的使用方法（去抖动的方法）；
② 理解光电耦合器的原理与作用；
③ 理解继电器的控制作用；
④ 掌握单片机控制交/直流电动机的原理和方法；
⑤ 了解步进电动机的驱动原理，掌握步进电动机的控制方法。

🏮 技能目标

① 会编写独立按键的控制程序；
② 能根据控制原理图正确绘制功能模块接线图，并进行线路连接；
③ 会编写交/直流电动机的控制程序；
④ 会编写步进电动机的控制程序。

🏮 项目概述

电动机作为最主要的动力来源，在生产和生活中占有重要地位。电动机按使用电源的不同，可分为直流电动机、交流电动机、步进电动机等，电动机的运行方式可分为点动、连续正转、正反转等。比如家用全自动洗衣机有进水、排水、正转、反转等控制作用。本项目通过三个任务分别学习单片机对直流电动机、交流电动机和步进电动机的连续正转和正反转的控制方法。

任务一

交/直流电动机连续转动的控制

任务描述

用单片机实现对 24V 直流电动机、220V 单相交流电动机的控制，当按下启动按键，电动机连续转动，按下停止按键，电动机停转。

任务分析

要完成控制任务，单片机首先应正确检测出启动按键和停止按键的状态，然后通过程序控制电动机的运行。

知识准备

一、按键的使用

1. 按键

按键是单片机常用的输入控制设备，用于信息和命令的输入。按键与单片机连接时，通常一端接地，另一端连接单片机的 I/O 口。当按键被按下时，单片机相应的 I/O 口变为低电平，按键松开时，相应的 I/O 口恢复为高电平。在程序运行中，只要不断检测 I/O 口的电平状态，就可以判断按键是否被按下。

2. 按键的去抖动

按键由于机械触点的弹性振动，在按下时不会马上稳定地接通，在弹开时不能一下子完全地断开，而是产生如图 3-1-1 所示的波形，这称为按键的抖动。当按键按下时会产生前沿抖动，当按键弹起时会产生后沿抖动。这是所有机械触点式按键的共性问题，抖动的时间长短取决于按键的机械特性。

按键在使用时，如果没有进行消抖，就有可能一次按键被认为是多次，导致异常情况发生。常用的消抖方法是软件延时消抖，在第一次判断按键被按下后延时 5～10ms，然后再判断按键的状态，如果状态相同，则说明按键确实被按下，不是抖动，程序转入对该按键的处理。如果要保证一次按键只进行一次按键处理，还应进行松手检测，一般用如下语句来实现检测：

```
while(按键按下);
```

综合以上分析，在使用按键时，应按图 3-1-2 的流程对按键进行处理。

二、光电耦合器

光电耦合器也称光电隔离器，简称光耦。它以光为媒介传输电信号，对输入、输出电信号有良好的隔离作用，广泛应用在各种电路中。其外形如图 3-1-3 所示。

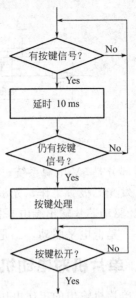

图 3-1-2　按键处理流程图

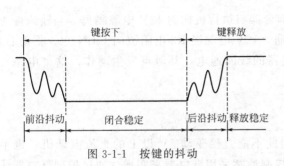

图 3-1-1　按键的抖动

光电耦合器由发光源和受光器两部分组成，把发光源和受光器组装在同一密闭的壳体内，彼此间用透明绝缘体隔离。发光源的引脚为输入端，受光器的引脚为输出端，常见的发光源为发光二极管，受光器为光敏二极管、光敏三极管等。其内部结构如图 3-1-4 所示。

图 3-1-3　光电耦合器外形图

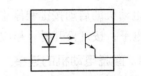

图 3-1-4　光电耦合器内部结构

光电耦合器的工作原理为：在光电耦合器输入端加电信号使发光源发光，光的强度取决于激励电流的大小，此光照射到封装在一起的受光器上后，因光电效应而产生了光电流，由受光器输出端引出，从而实现了电→光→电的转换。

三、继电器

继电器是常用的电气隔离器件，通常应用于自动控制电路中，用较小的电流去控制较大的电流。继电器由线圈和触点组两部分组成，在电路图中的图形符号包括两部分：一个长方框表示线圈；一组触点符号表示触点组合。如图 3-1-5 所示，当线圈两端加上一定的电压时，继电器的端口 COM 与 NC 断开并和 NO 连接；当线圈断电后，触点组恢复到初始状态，即：端口 COM 与 NO 断开并和 NC 连接。

为了保护单片机芯片，在实际使用时，一般采用光电耦合器将单片机与继电器进行隔离，在 YL-236 实训装置中，继电器的内部电路如图 3-1-6 所示。

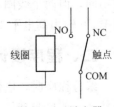

图 3-1-5　继电器
图形符号

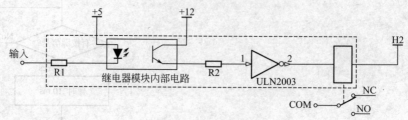

图 3-1-6 继电器的内部电路

控制部分是 5V 电源系统，通过光电耦合器与执行机构的 12V 电源隔离。当输入端为低电平时，发光二极管工作，光敏三极管导通，12V 电源经 R2 电阻流向 ULN2003 驱动芯片。ULN2003 驱动芯片输出端电平拉低，继电器的线圈通电，其触点发生动作。这个电路有两个好处：一是低电平驱动，二是光电隔离。

四、单片机对电动机的控制

由于单片机输出的工作电压为 5V，因此不能直接驱动 5V 以上的直流电动机，也不能直接驱动交流电动机。单片机对电动机的控制通常采用继电器来实现，通过控制继电器线圈的通电与断电，利用继电器触头的动作来控制电动机的运行。在电动机的控制线路中，直流电动机和交流电动机的控制线路略有不同。

任务实施

一、电路设计

电动机的启动按键和停止按键分别接在单片机的 P1.0 和 P1.1，当按键按下时，相应端口为低电平；按键松开时，相应端口为高电平。电动机与单片机、电源之间的连接方式如下。

1. 直流电动机的连接

图 3-1-7 所示是 24V 直流电动机连续转动的控制线路，它是利用实训装置中的继电器模块 KA3 来实现对电动机的控制。当 P2.0 输出低电平 0 时，KA3 线圈通电，其触头动作，电动机接通直流电源开始转动；当 P2.0 输出高电平 1 时，KA3 线圈断电，触头恢复，电动机与直流电源分断而停转。

2. 交流电动机的连接

图 3-1-8 所示是 220V 单相交流电动机 60KTYZ 连续转动的控制线路，它是利用实训装置中的继电器模块 KA1 来实现对电动机的控制。60KTYZ 交流电机有三根引线，其中一根为公共零线输入，另外两根是两个线圈的引出线。任一线圈通过电流电机都将转动，只是方向不同，但两个线圈不能同时通电。当 P2.0 输出低电平 0 时，电动机接通电源开始转动；当 P2.0 输出高电平 1 时，电动机停转。

二、程序设计

编写程序时，应使单片机不断进行按键扫描，若检测到启动按键按下，则控制电动机开始转动；若检测到停止按键按下，则控制电动机停转。无论电动机停转还是转动，程序都不断地在进行按键扫描，并作出相应的处理。程序流程如图 3-1-9 所示。

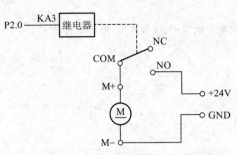

图 3-1-7 直流电动机连续转动的控制线路

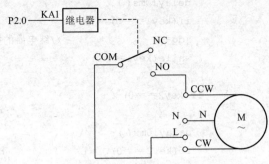

图 3-1-8 交流电动机连续转动的控制线路

根据流程图，可写出程序的组成和结构为：

包含头文件
无符号 16 位数声明
引脚声明
延时子程序
void main( )
{
  while(1)
   {
    if(正转按键按下)
    电动机正转;
    if(停止按键按下)
    电动机停转;
   }
}

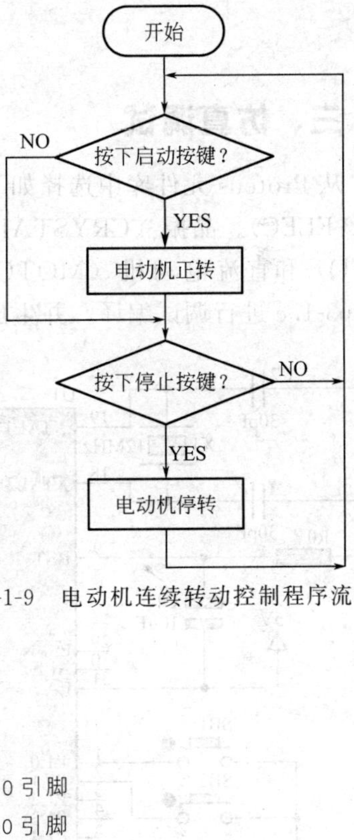

图 3-1-9 电动机连续转动控制程序流程图

参考程序

```
/* 电动机连续转动控制程序 samp3-1.c* /
# include"reg52.h"
# define uint unsigned int
sbit jdq＝P2^0;              //声明变量 jdq 表示 P2.0 引脚
sbit sb1＝P1^0;              //声明变量 sb1 表示 P1.0 引脚
sbit sb2＝P1^1;              //声明变量 sb2 表示 P1.1 引脚
  void delay10ms()            //延时 10ms 子程序
{
    uint i＝5000;            //无符号整型变量 i＝5000
    while(i--);              //延时大约 5000×2＝10000μs,即 10ms
}
  void main()                 //主函数
  {
    while(1)
      {
        if(key1==0)
          {
```

```
        delay10ms();
        if(key1==0)
        jdq=0;                    //继电器的控制端为低电平,线圈通电,电动机转动
        while(key1==0);
    }
    if(key2==0)
    {
        delay10ms();
        if(key2==0)
        jdq=1;                    //电器的控制端为高电平,线圈失电,电动机停转
        while(key2==0);
    }
}
```

三、仿真调试

从 Proteus 元件库中选择如下元件：单片机（AT89C52）、电阻（RES）、电容（CAP、CAP-ELEC）、晶振（CRYSTAL）、按钮（BUTTON）、三极管（PNP）、继电器（RLY-SPCO）和直流电动机（MOTOR）。按图 3-1-10 绘制连接电路。在 Keil C51 中对程序 samp3-1.c 进行调试编译，并生成 hex 可执行文件，加载到单片机进行仿真调试。

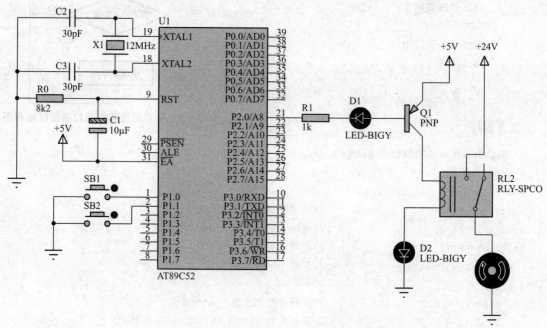

图 3-1-10 直流电动机连续转动控制仿真图

四、模块接线图

要完成本任务，应选用 MCU01 主机模块、MCU02 电源模块、MCU05 指令模块、MCU05 继电器模块、MCU08 电动机模块，根据控制原理将各模块进行连接，控制直流电动机连续转动的模块接线如图 3-1-11 所示，交流电动机连续转动的模块接线如图 3-1-12 所示。

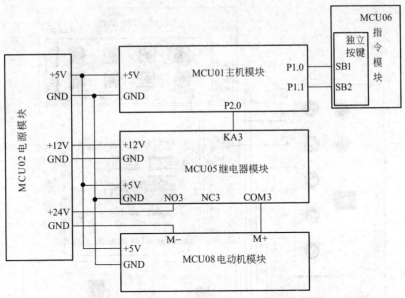

图 3-1-11　直流电动机连续转动的模块接线图

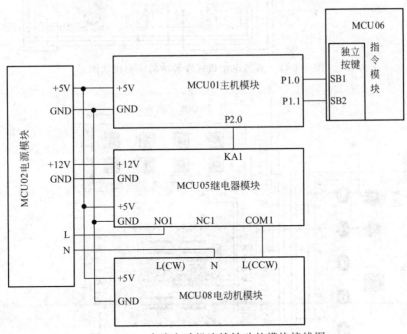

图 3-1-12　交流电动机连续转动的模块接线图

五、实物接线图

在 YL-236 实训装置中，控制直流电动机、交流电动机连续转动的实物连接如图 3-1-13、图 3-1-14 所示。

任务考核评价

控制交/直流电动机连续转动的任务考核评价见表 3-1-1 所示。

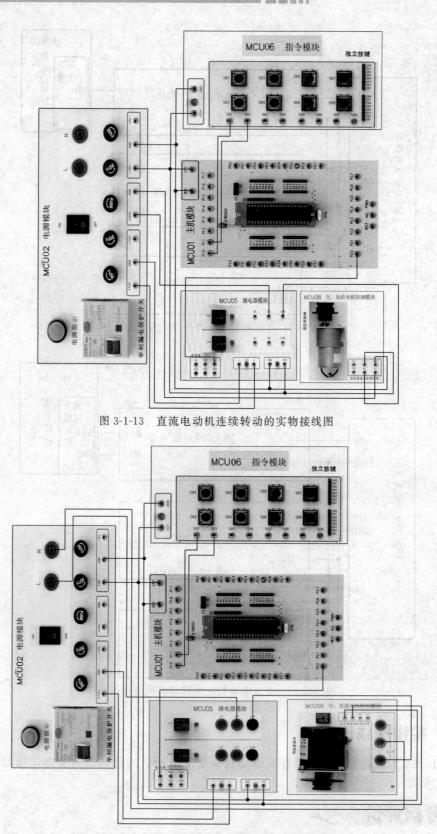

图 3-1-13 直流电动机连续转动的实物接线图

图 3-1-14 交流电动机连续转动的实物接线图

表 3-1-1 任务考核评价

评价内容		分值	评分标准	得分
连线图及工艺	模块选择	10	选择错误一处扣 3 分	
	导线连接	15	导线连接错误,每处扣 3 分 导线连接不规范,每处扣 2 分 电源线和信号线不区分扣 2 分	
	模块布局	5	要整齐、美观、规范。	
	模块连线图	10	规范、整齐。错误一处扣 2 分	
软件编写	程序编写	5	规范、合理,错误一处扣 2 分	
	程序下载	5	不能下载到芯片内扣 5 分	
	功能调试	40	功能不全,缺一处扣 10 分	
安全文明操作	遵守安全文明操作规程	10	违反安全操作规程,酌情扣 3～10 分	

拓展练习

1. 用按键控制 LED 闪灭：两只按键 SB1、SB2 分别接单片机的 P1.0 和 P1.1 端口，8 只 LED 分别接在 P2 口，当按下 SB1 时，点亮 8 只 LED，当按下 SB2 时，熄灭 8 只 LED。

2. 如何防止按键按住不松时进行的多次处理？

3. 试设计硬件电路和软件程序，分别控制交/直流电动机实现下列控制要求：

（1）实现点动：当按下 SB1 时，电动机正转；当松开 SB1 时，电动机停转。

（2）实现点动和连续：SB1 控制电动机实现点动；SB2 控制电动机实现连续转动；SB3 控制电动机停转。

任务二 ▷▷▷

交/直流电动机正反转的控制

任务描述

用单片机实现对 24V 直流电动机、220V 单相交流电动机的控制，当按下正转按键，电动机正转；按下反转按键，电动机反转；按下停止按键，电动机停转。电动机的正反转可以实现两个相反方向的运动，比如控制工作台前进与后退，机械手的上升与下降等。

任务分析

电动机要实现正反转，应保证加在电动机上的电源极性发生变化，一般采用两个继电器进行控制。

任务实施

一、电路设计

电动机的正转按钮、反转按钮和停止按键分别接在单片机的 P1.0、P1.1 和 P1.2 端口，当按键按下时，相应端口为低电平；按键松开时，相应端口为高电平。电动机与单片机、电源之间的连接方式如下。

1. 直流电动机的连接

直流电动机正反转控制电路如图 3-2-1 所示。当 P2.0 输出低电平时，继电器 KA3 的线圈通电，KA3 的触点发生动作，电动机的 M＋端接 24V 电源端，M－端接 24V 的 GND 端，电动机正转；同理，P2.1 输出低电平时，继电器 KA4 的触点发生动作，电动机反转；当两个继电器都断电时，电动机处在断电状态，并且不带电压，避免了漏电现象。

2. 交流电动机的连接

交流电动机正反转控制电路如图 3-2-2 所示。当 P2.0 输出低电平时，继电器 KA1 的线圈通电，KA1 的触点发生动作，电动机的 CW 端接电源 L 端，电动机的 N 端接电源的 N 端，电动机正转；同理，P2.1 输出低电平时，继电器 KA2 的触点动作，电动机反转。

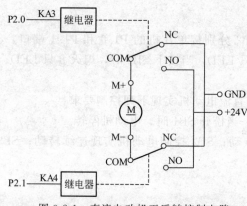

图 3-2-1　直流电动机正反转控制电路

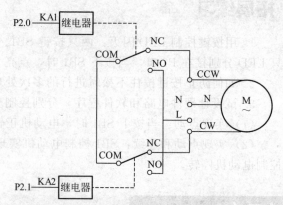

图 3-2-2　交流电动机正反转控制电路

二、程序设计

直流电动机和交流电动机正反转的控制电路虽然不同，但控制程序是相同的。先进行初始化设置：使两个继电器失电，并向 P1 口写入 1，为单片机读入按键的状态做好准备。然后单片机检测各按键的状态，若正转按键按下，则控制电动机正转；若反转按键按下，控制电动机反转；若停止按键按下，控制电动机停转。单片机重复对按键的状态进行检测，对不同的按键做出不同的处理。其程序流程如图 3-2-3 所示。

根据流程图，可写出程序的组成和结构：

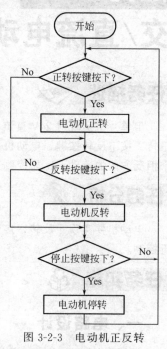

图 3-2-3　电动机正反转
控制程序流程图

```
包含头文件
无符号 16 位数声明
引脚声明
延时子程序
void main( )
{
    while(1)
    {
```

```
        if(正转按键按下)
           电动机正转;
        if(反转按键按下)
           电动机反转;
        if(停止按键按下)
           电动机停转;
    }
}
```

参考程序

```
/* 电动机正反转控制程序 samp3-2.c* /
# include"reg52.h"
# define uint unsigned int
sbit jdq1＝P2^0;                    //声明变量 jdq1 表示 P2.0 引脚
sbit jdq2＝P2^1;                    //声明变量 jdq2 表示 P2.1 引脚
sbit key1＝P1^0;                    //声明变量 key1 表示 P1.0 引脚
sbit key2＝P1^1;                    //声明变量 key2 表示 P1.1 引脚
sbit key3＝P1^2;                    //声明变量 key3 表示 P1.2 引脚
void delay10ms()                    //延时 10ms 子程序
{
  uint i＝5000;
  while(i--);
}
void main()
{
  while(1)
  {
    if(key1＝＝0)                    //如果正转按键按下
    {
      delay10ms();                  //延时 10ms
      if(key1＝＝0)                  //如果正转按键仍按下
      {
        jdq1＝0;                     //正转继电器的控制端为低电平,线圈通电,触点动作
        jdq2＝1;                     //反转继电器的控制端为高电平,线圈不通电,触点不动作
      }
      while(key1＝＝0);              //松手检测
    }
    if(key2＝＝0)                    //如果反转按键按下
    {
      delay10ms();                  //延时 10ms
      if(key2＝＝0)                  //如果反转按键仍按下
      {
        jdq1＝1;                     //正转继电器的控制端为高电平,线圈不通电,触点不动作
        jdq2＝0;                     //反转继电器的控制端为低电平,线圈通电,触点动作
      }
```

```
        while(key2==0);              //松手检测
    }
    if(key3==0)                      //如果停止按键按下
     {
        delay10ms();                 //延时 10ms
        if(key3==0)                  //如果停止按键仍按下
         {
            jdq1=1;                  //正转继电器的控制端为高电平,线圈不通电,触点不动作
            jdq2=1;                  //反转继电器的控制端为高电平,线圈不通电,触点不动作
         }
        while(key3==0);              //松手检测
     }
    }
}
```

三、仿真调试

从 Proteus 元件库中选择元件，按图 3-2-4 绘制电路。在 Keil C51 中对程序 samp3-2.c 进行调试编译，将生成的 hex 文件下载到单片机中，进行仿真调试。

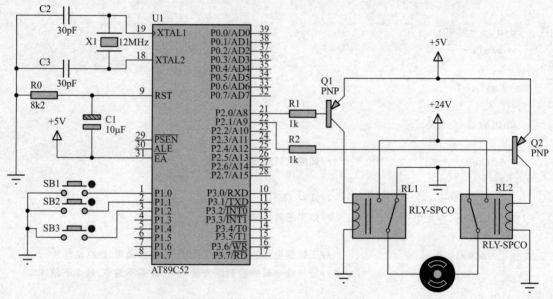

图 3-2-4　直流电动机正反转仿真电路图

四、模块接线图

直流电动机正反转控制的模块接线图如图 3-2-5 所示。
交流电动机正反转控制的模块接线图如图 3-2-6 所示。

五、实物接线图

在 YL-236 实训装置中，控制直流电动机、交流电动机正反转的实物接线图如图 3-2-7、图 3-2-8 所示。

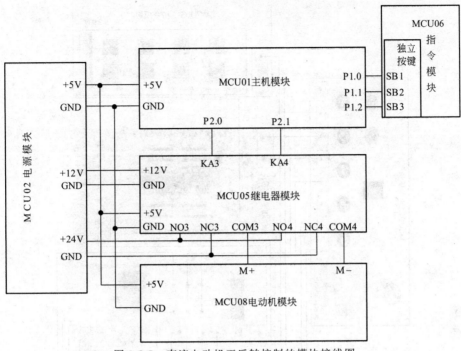

图 3-2-5　直流电动机正反转控制的模块接线图

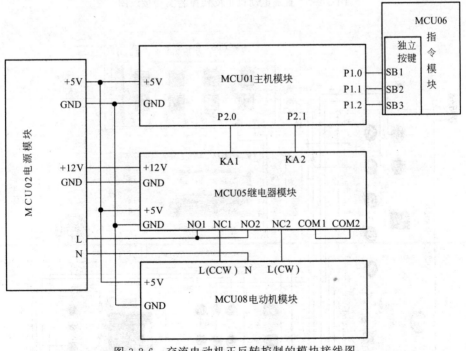

图 3-2-6　交流电动机正反转控制的模块接线图

任务考核评价

控制交/直流电动机正反转的任务考核评价见表 3-2-1。

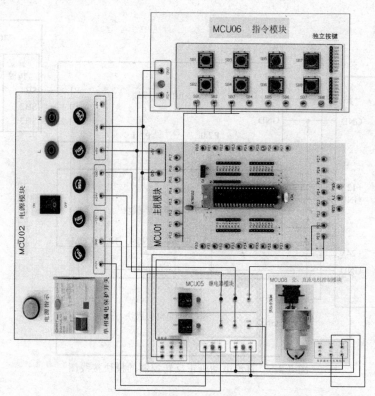

图 3-2-7　直流电动机正反转控制实物接线图

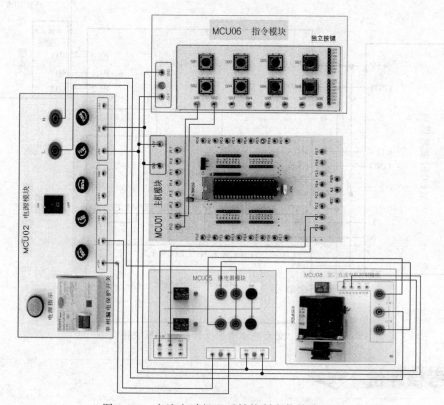

图 3-2-8　交流电动机正反转控制实物接线图

表 3-2-1 任务考核评价

评价内容		分值	评分标准	得分
连线图及工艺	模块选择	10	选择错误一处扣3分	
	导线连接	15	导线连接错误,每处扣3分 导线连接不规范,每处扣2分 电源线和信号线不区分扣2分	
	模块布局	5	要整齐、美观、规范	
	模块连线图	10	规范、整齐。错误一处扣2分	
软件编写	程序编写	5	规范、合理,错误一处扣2分	
	程序下载	5	不能下载到芯片内扣5分	
	功能调试	40	功能不全,缺一处扣10分	
安全文明操作	遵守安全文明操作规程	10	违反安全操作规程,酌情扣3~10分	

拓展练习

试设计硬件电路和软件程序,控制一台直流电动机实现点动和连续的正反转。其中,SB1 控制电动机点动正转,SB2 控制电动机连续正转,SB3 控制电动机点动反转,SB4 控制电动机连续反转,SB5 为停止按键。

任务三 ▷▷▷
步进电机的控制

任务描述

步进电机具有快速启动、精确定位和直接将数字量转化为角度量的优点,是工业传动和工业定位系统主要元件之一,在机械、电力、冶金、纺织、电子、仪表、医疗、印刷以及航空航天等领域得到广泛的应用。本任务利用单片机控制步进电机,通电后,步进电机带动指针,运动到标尺"0"刻度处,当按下启动按钮后,步进电机正向转动到刻度5,然后反向转动到刻度0,循环往复,当按下停止按钮时步进电机停转。

任务分析

步进电机在使用时,不能直接接到工频交流或直流电源上工作,必须使用专用的驱动器。通过控制步进电机驱动器的步进脉冲信号和方向电平信号,可以实现对步进电机转速和转向的控制。要实现对步进电机不同的控制要求,应熟悉步进电机和步进电机驱动器的相关知识。

知识准备

一、步进电机

步进电机是一种把电脉冲信号变换成角位移或线位移的微型特种电机。步进电机在使用时必须采用专用的驱动器，当驱动器接收到一个脉冲信号，它就驱动步进电机按设定的方向转动一个固定的角度，因此步进电机也称为脉冲电机。步进电机广泛应用在自动控制系统和数字控制系统中，如在数控机床、打印机、绘图仪、机器人控制、石英钟表等场合都有应用。

步进电机的角位移或线位移与脉冲数成正比，转速或线速度与脉冲频率成正比。在非超载的情况下，这些关系不受负载变化的影响。实际使用时，可以通过控制脉冲个数来控制角位移量或线位移量，从而达到准确定位的目的；同时可以通过控制脉冲频率来控制电机转动的速度和加速度，从而达到调速的目的。

1. 步进电机的指标术语

（1）相数。指电动机内部的定子绕组数，常用的有二相、三相、四相、五相步进电机。

（2）步距角。对应一个脉冲信号，电机转子转过的角位移，用 θ 表示。如果电机的步距角 $\theta=0.9°$，则电机转过一周需 $360°/0.9°=400$ 个脉冲数。步距角与相数、转子表面的齿数和励磁控制方式有关。步距角越小，电动机的控制精度越高。

（3）定位转矩。电机在不通电状态下，电机转子自身的锁定力矩（由磁场齿形的谐波以及机械误差造成的）。

（4）静转矩。电机在额定静态电作用下，电机不做旋转运动时，电机转轴的锁定力矩。

2. 步进电机的分类

按励磁方式分类，步进电动机可分为永磁式、反应式和混合式三类；按控制绕组的相数可分为二相、三相、四相、五相或更多相数。

（1）反应式：定子上有绕组、转子由软磁材料组成。结构简单、成本低、步距角小，可达 $1.2°$，但动态性能差、效率低、发热大、可靠性难保证。反应式步进电机一般为两相。

（2）永磁式：永磁式步进电机的转子用永磁材料制成，转子的极数与定子的极数相同。其特点是动态性能好、输出力矩大，但这种电机精度差，步距角大（一般为 $7.5°$ 或 $15°$）。永磁式步进电机一般为三相，由于噪声和振动较大，在欧美等发达国家 20 世纪 80 年代已被淘汰。

（3）混合式：混合式步进电机综合了反应式和永磁式的优点，其定子上有多相绕组、转子上采用永磁材料，转子和定子上均有多个小齿以提高步距精度。其特点是输出力矩大、动态性能好，步距角小，但结构复杂、成本相对较高。混合式步进电机又分为两相、三相和五相，两相步距角一般为 $1.8°$，五相步距角一般为 $0.72°$。

目前最受欢迎的是两相混合式步进电机，约占 97% 以上的市场份额，其原因是性价比高，配上细分驱动器后效果良好。该种电机的基本步距角为 $1.8°/步$，配上半步驱动器后，步距角减少为 $0.9°$，配上细分驱动器后其步距角可细分达 256 倍（$0.007°/微步$）。实训装置中使用的步进电机为 42BYGH3410，即两相混合式步进电机。其步距角为 $1.8°$，工作电流为 1.5A，电阻为 1.1Ω，电感为 2.2mH，静力矩为 2.1kg/cm，定位力矩为 180g/cm。

3. 步进电机的优点和缺点

（1）优点

① 电机旋转的角度正比于脉冲数；

② 电机停转的时候具有最大的转矩（当绕组激磁时）；

③ 由于每步的精度为 3%～5%，而且不会将一步的误差积累到下一步因而有较好的位置精度和运动的重复性；

④ 优秀的起停和反转响应；

⑤ 由于没有电刷，可靠性较高，因此电机的寿命仅仅取决于轴承的寿命；

⑥ 电机的响应仅由数字输入脉冲确定，因而可以采用开环控制，这使得电机的结构可以比较简单而且控制成本；

⑦ 仅仅将负载直接连接到电机的转轴上，也可以以极低速的同步旋转；

⑧ 由于速度正比于脉冲频率，因而有比较宽的转速范围。

（2）缺点

① 如果控制不当容易产生共振；

② 难以运转到较高的转速；

③ 难以获得较大的转矩。

二、步进电机驱动器

步进电机工作时需要采用专用的驱动器，本任务中的步进电机为二相混合式步进电机，使用 SJ-230M2/5 驱动器，其外形如图 3-3-1 所示。

该驱动器采用原装进口模块，实现高频载波，恒流驱动，具有很强的抗干扰性、高频性能好、起动频率高、控制信号与内部信号实现光电隔离、电流可选、结构简单、运行平稳、可靠性好、噪声小，带动 3.0A 以下所有的 42BYG、57BYG 系列二相混合式步进电机。

步进电机驱动器虽然型号较多，但其使用方法相似。下面以 SJ-230M2/5 驱动器为例，说明步进电机驱动器的使用方法。

1. 细分数的设定

要提高步进电机的控制精度，应减小步

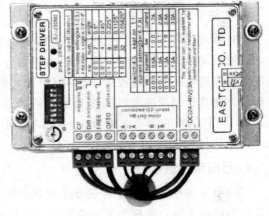

图 3-3-1 SJ-230M2/5 驱动器外形图

距角。对同一台电机，可采用步进电机驱动器的细分功能来实现。细分数就是指电机运行时的真正步距角是固有步距角的几分之一。SJ-230M2/5 驱动器是用驱动器上的拨盘开关来设定细分数的，使用时根据面板的标注设定即可；细分数越大，步距角越小，步进电机的控制精度越高，具体设置方法参考表 3-3-1 所示。细分设定（位 1、2、3）以 0.9°/1.8° 电机为例，拨盘开关设定 ON＝0，OFF＝1。

表 3-3-1 细分数的设定

位 1、2、3	细分数	步距角
000	2	0.9°
001	4	0.45°
010	8	0.225°
011	16	0.1125°
100	32	0.05625°
位 4、5 请保持在 OFF 位置		

细分功能完全是由驱动器靠精确控制电机的相电流所产生的，与电机无关。

2. 相电流的设定

不同的电机，所需的工作电流不同。使用步进电机驱动器时，应根据不同的电机，调节驱动器使输出电流与电机相匹配，如果电机能够拖动负载，可以调节小于电机额定电流，但不能调节大于电机额定电流。SJ-230M2/5驱动器相电流的设定也是使用拨盘开关来设定的，具体设置方法参考表3-3-2。

表 3-3-2　相电流的设定

电机相电流设定(位6、7、8)			
位号	电流/A	位号	电流/A
000	0.5	100	1.7
001	1.0	101	2.0
010	1.3	110	2.4
011	1.5	111	3.0

3. 步进脉冲信号 CP

步进脉冲信号CP用于控制步进电机的位置和速度，也就是说：驱动器每接收一个CP脉冲，就驱动步进电机旋转一个步距角（细分时为一个细分步距角），CP脉冲的频率改变则同时使步进电机的转速改变，控制CP脉冲的个数，就可以使步进电机精确定位。这样就可以很方便地达到步进电机调速和定位的目的。SJ-230M2/5驱动器的CP信号为低电平有效，要求CP信号的驱动电流为8～15mA，对CP的脉冲宽度也有一定的要求，一般不小于5μs，CP信号如图3-3-2所示。

4. 方向电平信号 DIR

方向电平信号DIR用于控制步进电机的旋转方向。当端口为高电平时，电机一个转向；当端口为低电平时，电机为另一个转向。电机换向必须在电机停止后再进行，并且换向信号一定要在前一个方向的最后一个CP脉冲结束后，以及下一个方向的第一个CP脉冲前发出，如图3-3-3所示。

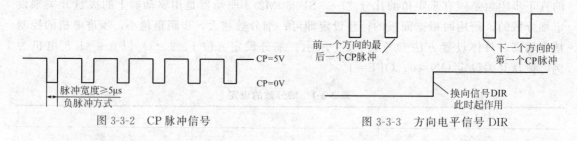

图 3-3-2　CP脉冲信号　　　　　图 3-3-3　方向电平信号 DIR

5. 脱机电平信号 FREE

当驱动器通电后，步进电机处于锁定状态（未施加CP脉冲时）或运行状态（施加CP脉冲时）。如果用户想手动调整电机而又不想关闭驱动器电源，怎么办呢？这时可以用到此信号。当此信号起作用时（低电平有效），电机处于自由无力矩状态；当此信号为高电平或悬空不接时，取消脱机状态。此信号用户可选用，如果不需要此功能，此端不接即可。

6. 电源说明

SJ-230M2/5 驱动器需要外部提供一组直流电源，电源电压范围为 DC24～40V，电源电流值根据电机相电流确定，一般选择不小于电机相电流（相同也行）。对于 42 型电机（如 42BYG009、42BYGH101），选用 DC24V，对于 57 型电机（如 57BYG009、57BYG096、57BYG707），选择为 24～40V 之间。如果电机转速较低，可以选择为较低的电源电压；如果电机转速较高，可以选择为较高的电源电压。

7. 指示灯说明

SJ-230M2/5 驱动器有两个指示灯：电源指示灯（绿灯）、保护指示灯（红色），驱动器通电后电源指示灯亮；如果驱动器发生保护动作，则保护指示灯亮（驱动器内部设有过流、过温等保护电路）。

三、亚龙步进电机模块

亚龙 MCU09 步进电机模块主要由步进电机、步进电机驱动器、步进电机运转旋转输出部分（多圈精密电位器）、直线运动指示部分、左右限位输出部分、左右极限控制等部分组成，其布局如图 3-3-4 所示。

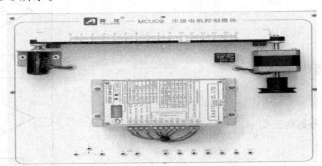

图 3-3-4 亚龙 MCU09 步进电机模块图

任务实施

一、电路设计

启动按键接在单片机的 P1.0 端口，当按下按键时，单片机对应端口为低电平，松开按键时，对应端口为高电平。

YL-236 实训装置中的步进电机型号为 42BYGH3410，是两相永磁感应式步进电机，驱动器采用 SJ-230M2，它有三路输入信号：步进脉冲信号 CP、方向电平信号 DIR、脱机信号 FREE。单片机与驱动器、步进电机的连接电路如图 3-3-5 所示。

单片机的 P2.0 端口连接步进脉冲信号 CP，控制步进电机的位置和速度，低电平有效；P2.1 端口连接方向电平信号 DIR，控制步进电机的旋转方向；P2.2 端口连接方向电平信号 RL，控制指针移动的左限位；脱机电平信号 FREE 悬空，取消脱机状态。

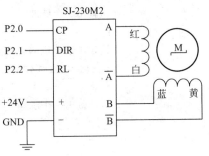

图 3-3-5 单片机与驱动器、步进电机的连接电路

二、程序设计

步进电机的细分数为 2 时，步距角为 0.9°，步进电机转动带动指针从左极限到 0 刻度约需 100 个脉冲，指针移动 1cm，约需 85 个脉冲。编写程序时，设定好步进电机的旋转方向，检测启动按钮，当按下启动按钮时，单片机输出脉冲控制步进电机旋转，指针右移，当输出 425 个脉冲后，指针到达 5cm 处；改变步进电机的旋转方向，再输出 425 个脉冲，指针回到 0cm 处，然后控制步进电机停转。其程序设计流程如图 3-3-6 所示。

根据流程图，可写出程序的组成和结构为：

```
包含头文件
无符号 8 位数声明
无符号 16 位数声明
引脚声明
定义按键有效标志
延时子程序
void main( )
{
  while(指针未到左限位)
  {
    电机运转,指针左移;
  }
  设定步进电机的旋转方向为正转;
  电机运转指针右移到刻度 0;
  while(1)
  {
    if(按键端口判断)
    {
      按键有效按下,有效标志反转;
    }
    if(运转状态)
    {
      设定步进电机的旋转方向为正转;
      for(i=0;i<425;i++)
      {
        输出一个脉冲
      }
      设定步进电机的旋转方向为反转;
      for(i=0;i<425;i++)
      {
        输出一个脉冲
      }
    }
  }
}
```

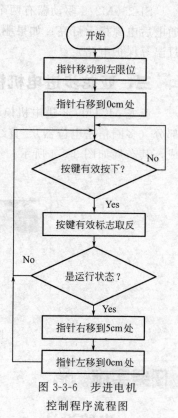

图 3-3-6 步进电机
控制程序流程图

参考程序：

```
/* 控制步进电机的程序 samp3-3.c* /
# include"reg52.h"
define uchar unsigned char
define uint unsigned int
sbit sb=P1^0;                    //声明变量 sb 表示 P1.0 引脚
sbit cp=P2^0;                    //声明变量 cp 表示 P2.0 引脚
sbit dir=P2^1;                   //声明变量 dir 表示 P2.1 引脚
sbit rl=P2^2;                    //声明变量 rl 表示 P2.2 引脚
bit m;                           //按键有效变量；
void delay10ms()                 //延时 10ms 子程序
{
  uint i=5000;
  while(i--);
}
void delay1ms()                  //延时 1ms 子程序
{
    uint j=500;
    while(j--);
}
void main()
{
    rl=1;
    while(! rl)                  //步进电机运行到左限位
      {
        dir=1;
        cp=~cp;
        delay1ms();
      }
                                 //步进电机运行到 0 刻度
    uint k;
    dir=0;
    for(k=0;k<205;k++)
      {
        cp=~cp;
        delay1ms();
      }
    sb=1;                        //使 P1.0 引脚为高电平,为读入按键的状态做好准备
    while(1)
      {
        if(sb==0)                //如果按键按下
          {
            delay10ms();         //延时 10ms
            if(sb==0)            //再一次检测按键,如果按键仍为按下状态
            m=~m;                //运转状态转变；
```

```
            }
        if(m==1)                    //m=1 为运转状态
          {
            dir=0;                  //控制步进电机的转动方向为正转
            for(i=0;i<425;i++)      //输出 425 个脉冲
              {
                cp=~cp;
                delay1ms( );
              }
            dir=1;                  //控制步进电机的转动方向为反转
            delay1ms( );
            for(i=0;i<425;i++)      //输出 425 个脉冲                {
              {
                cp=~cp;
                delay1ms( );
              }
          }
        }
    }
```

三、模块接线图

在 YL-236 实训装置中，采用 MCU01 主机模块、MCU02 电源模块、MCU06 指令模块和 MCU09 步进电机控制模块来实现对步进电机的控制，模块接线如图 3-3-7 所示。

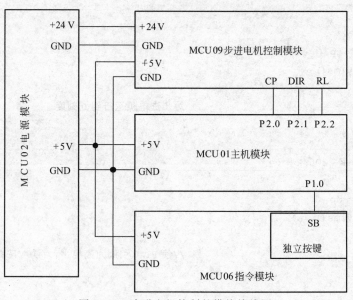

图 3-3-7　步进电机控制的模块接线图

四、实物接线图

在 YL-236 实训装置中，控制步进电机动作的实物接线如图 3-3-8 所示。

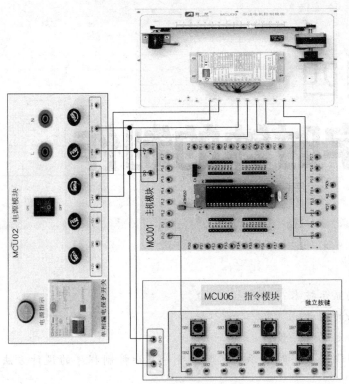

图 3-3-8　步进电机控制的实物接线图

任务考核评价

对步进电机控制的任务考核评价见表 3-3-3。

表 3-3-3　任务考核评价

评价内容		分值	评分标准	得分
连线图及工艺	模块选择	10	选择错误一处扣 3 分	
	导线连接	15	导线连接错误，每处扣 3 分 导线连接不规范，每处扣 2 分 电源线和信号线不区分扣 2 分	
	模块布局	5	要整齐、美观、规范	
	模块连线图	10	规范、整齐。错误一处扣 2 分	
软件编写	程序编写	5	规范、合理。错误一处扣 2 分	
	程序下载	5	不能下载到芯片内扣 5 分	
	功能调试	40	功能不全，缺一处扣 10 分	
安全文明操作	遵守安全文明操作规程	10	违反安全操作规程，酌情扣 3～10 分	

拓展练习

1. 用单片机实现对步进电机的点动控制。

2. 修改程序，实现下列控制功能：首先复位到坐标 0，然后控制步进电机正向走动 1000 步，反向走动 1000 步，如此循环往复。

项目四

数字时钟的制作

知识目标

① 了解数码显示技术；

② 学会数据的运算；

③ 学习中断定时程序设计；

④ 掌握时间设定、实时显示、定时响铃等复杂控制程序的设计方法。

技能目标

① 能根据控制原理图正确连接电路；

② 能根据控制要求设计程序流程图；

③ 掌握程序要点，能正确输入程序；

④ 能绘制仿真电路，进行功能仿真；

⑤ 能将编译好的 hex 文件下载到单片机，根据运行结果，会在线对程序进行修改。

项目概述

电子时钟读数直观、误差不大，与人们生活密不可分。本任务用 8 位数码管实时显示当前时间，时、分、秒各用 2 位显示，其间有 2 位闪烁显示 1 横，三只按键用于校准：1 只为设定键，按住 3s 进入显示修改状态，初始位为小时十位，该位闪烁，再按对应小时个位……，3s 内无键按下，退出修改状态；另两只为加 1 和减 1 键，数字加减时在正常时间范围。本项目通过三个任务，循序渐进地学习单片机控制数字时钟的方法。

任务一 ▷▷▷

0~9 数字显示

任务描述 📝

数码管是一种半导体发光显示器件，通过对它不同的管脚输入相对的电流，其相应段就发亮，从而显示出如时间、日期、温度等所有可用数字表示的参数。由于它具有显示清晰、亮度高、使用电压低、寿命长的特点，在电器特别是家电领域应用极为广泛。

单片机 P0 口连接 1 只数码管，通电后，依次循环显示 0、1、2、3、4、5、6、7、8、9 十个数字。

任务分析 🔍

要显示 0~9 十个数字，首先要明白数码管的结构及工作原理；由此可推出数码管分别对应 10 个不同的状态，把 10 个状态组成的 10 个数据即段码定义成 1 个数组变量，用查表法输出到 P0 口。

知识准备 ▶

一、LED 数码管的结构

数码管是由几个发光二极管集成在一起而形成的显示器件，组成数码管的发光二极管多数呈发光线段形式，称为数码管的"段"。以一位 8 段 LED 数码管为例，共有 7 段组成一个"日"字形，分别定义为数码管的 a、b、c、d、e、f、g 段，另外再加上一个用于小数显示的小数点 dp（或 h）段，常见数码管外形如图 4-1-1 所示。

数码管根据不同码段之间的组合，来显示数字 0~9 或简单的字符信息，常见数码管显示字符如图 4-1-2 所示。

由于组成数码管的发光二极管自身具有极性，所以组成的数码管也有共阴极和共阳极之分，其等效电路如图 4-1-3 所示。

图 4-1-1 常见数码管外形图

图 4-1-2 常见数码管显示字符图

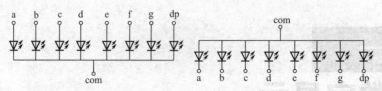

图 4-1-3 数码管等效电路原理图

二、数码管字符显示原理

以数码管显示"2"的字形为例，数码管各发光段状态为：a、b、d、e、g 段亮；c、f、dp 段灭，段码数据生成如表 4-1-1 所示。

表 4-1-1 数码管段码生成表

共阳极数码管（显示"2"com 端接电源正极）							
数码管的管脚	dp	g	f	e	d	c	b	a
对应状态	1	0	1	0	0	1	0	0
二进制位系数（4 位）	2^3	2^2	2^1	2^0	2^3	2^2	2^1	2^0
各位数字	8	0	2	0	0	4	0	0
高、低 4 位数的和	10				4			
段码	0xa4							
共阴极数码管（显示"2"com 端接电源地）							
数码管的管脚	dp	g	f	e	d	c	b	a
对应状态	0	1	0	1	1	0	1	1
二进制位系数（4 位）	2^3	2^2	2^1	2^0	2^3	2^2	2^1	2^0
各位数字	0	4	0	1	8	0	2	1
高、低 4 位数的和	5				11			
段码	0x5b							

三、数字段码

现在 P0 口连接 1 只共阳极数码管，根据字符显示原理可得到显示"0～9"段码，如表 4-1-2 所示。

表 4-1-2 单片机与共阳极数码管管脚的连接及段码

段位 管脚 显示数字	P0.7	P0.6	P0.5	P0.4	P0.3	P0.2	P0.1	P0.0	段码
	dp	g	f	e	d	c	b	a	
0	1	1	0	0	0	0	0	0	0xc0
1	1	1	1	1	1	0	0	1	0xf9
2	1	0	1	0	0	1	0	0	0xa4
3	1	0	1	1	0	0	0	0	0xb0
4	1	0	0	1	1	0	0	1	0x99
5	1	0	0	1	0	0	1	0	0x92
6	1	0	0	0	0	0	1	0	0x82
7	1	1	1	1	1	0	0	0	0xf8
8	1	0	0	0	0	0	0	0	0x80
9	1	0	0	1	0	0	0	0	0x90

任务实施

一、电路设计

1 只数码管显示 0～9 的电路由单片机最小系统、排阻、数码管组成，其电路原理如图 4-1-4 所示。

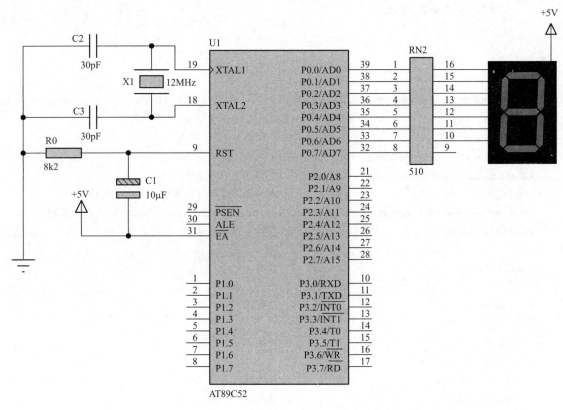

图 4-1-4　1 只数码管显示 0～9 电路原理图

二、程序设计

要显示 0～9 十个数字，只需将十个数字对应的段码放在一个数组中，程序按顺序读出并输出到 P0 端口，每次输出都延时一段时间，循环读出即可循环显示 0～9 十个数字。其程序流程如图 4-1-5 所示。

根据流程图，可写出程序的组成和结构：

头文件语句

端口声名

无符号 8 位数声明

无符号 16 位数声明

显示顺序变量声明

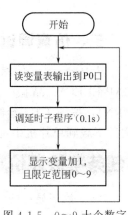

图 4-1-5　0～9 十个数字
循环显示的程序流程图

定义数组变量(段码表)

延时子程序

```c
void main( )
{
    while(1)
    {
        查表,在 P0 口输出要显示数字的段码;
        延时;
        指向下一个要显示的数字;
    }
}
```

参考程序

```c
/* 1 只数码管显示 0～9 的控制程序 samp4-1.c* /
# include"reg52.h"                      //包含头文件语句
# define out P0                         //端口声明
# define uchar unsigned char            //无符号八位字符声明
# define uint unsigned int              //无符号十六位字符声明
uchar j;                                //声明无符号字符型变量 j
uchar code rem[]＝{0xc0,0xf9,0xa4,0xb0,0x99,0x92,0x82,0xf8,0x80,0x90};//段码数组
voiddelay(uint i)                       //延时子程序
{
  while(i--);                           //等待 i-1＝0
}
void main()                             //主程序
{
  while(1)                              //死循环
  {
    out＝rem[j];                        //查表输出
    delay(50000);                       //调延时子程序
    j=(j+1)/%10;                        //指向下一个数字,且范围为 0～9
  }
}
```

三、仿真调试

从 Proteus 元件库中选择如下元件：单片机（AT89C52）、电阻（RES）、电容（CAP、CAP-ELEC）、晶振（CRYSTAL）、排阻（RX8）、7 段共阳数码管（7SEG-COM-AN-GRN），按图 4-1-4 绘制电路，然后将在 Keil C51 中对程序 samp4-1.c 进行编译生成的 hex 文件下载到单片机中进行仿真调试。

任务考核评价

0～9 数字显示的任务考核评价见表 4-1-3。

表 4-1-3　任务考核评价

评价内容		分值	评分标准	得分
仿真图绘制	元件选择	10	选择错误一处扣 3 分	
	导线连接	15	导线连接错误，每处扣 3 分 导线连接不规范，每处扣 2 分	
	图形布局	5	要整齐、美观、规范	
软件编写	程序编写	5	规范、合理，错误一处扣 2 分	
	程序下载	5	不能下载到仿真图内扣 5 分	
	仿真调试	50	功能不全，缺一处扣 10 分	
安全文明操作	遵守安全文明操作规程	10	违反安全操作规程，酌情扣 3～10 分	

拓展练习

1. 编写数码管显示 good 的段码。

2. 修改程序 samp4-1.c，在 1 只数码管上依次仿真显示 good 4 个字符。

3. 改写程序，依次显示 0～f。

任务二 ▷▷▷

99s 秒表

任务描述

99s 秒表在生活、学习中时常用到，如：体育运动、实验等场。其中 0～99s 单键操作秒表有代表性，使用中按键首次按下为时间启动；2 次按下为时间停止；再次按下为数字清零。

任务分析

要实现秒表的精确运行，需利用单片机内部强大的硬件资源—中断、定时/计数器及数字运算功能。

知识准备

一、中断的简介

当 CPU 正在顺序执行程序时，如果单片机外部或者内部发生了紧急事件，要求 CPU 暂停顺序程序，然后去处理这个紧急事件程序，待处理完后，再回到原来中断的地方，继续执行原来被中断的程序，这个过程就称为中断。

能够产生中断请求的外部和内部事件称为中断源。AT89S52 单片机有三类共六个中断源，它们分别是两个外部中断、三个定时中断和一个串行中断。

（1）外部中断：是由外部信号引起的中断。AT89S52 有两个外部中断端口，分别是

"外部中断0"和"外部中断1"，由芯片引脚 INT0（P3.2）和 INT1（P3.3）引入。外部中断的触发方式有低电平方式或下降沿方式，是有相关寄存器进行设置选择。

（2）定时中断：由内部定时器/计数器中断源程序产生，属于内部中断。当定时器/计数器发生溢出时，以溢出信号作为中断请求。单片机内部有三个16位定时器/计数器，分别对应三个定时中断。

（3）串行中断：由内部串行口中断源产生，属于内部中断。当串行口接收或发送完一字节数据时，就会自动向 CPU 发出串行口中断请求。

二、中断的处理过程

中断的处理过程包括中断请求、中断响应、中断处理和中断返回这四项内容。

（1）中断请求：当中断源的中断申请标志置位1时，即向 CPU 发出中断请求或申请。而 CPU 随时都对中断源的标志状态进行查询并区分处理。

（2）中断响应：当 CPU 查询到有中断源提出中断请求后，根据软、硬件已设置的中断优先级别，确定将处理的中断先后顺序，要处理的中断子程序的首地址送入 PC（程序指针），使 CPU 转去执行中断子程序。

（3）中断处理（中断服务）：从中断子程序第一条语句开始执行，到最后一条语句结束为止，这个程序运行过程称为中断处理。中断处理过程如图 4-2-1 所示。

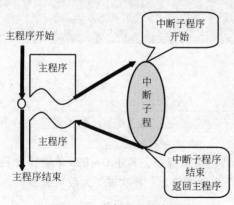

图 4-2-1　中断处理示意图

（4）中断返回：当 CPU 执行完中断子程序的最后一条语句后，硬件自动将断点地址装入 PC（程序指针），使 CPU 继续执行原来被中断的程序，同时中断申请标志自动清零。

三、中断控制寄存器

各个中断源是否有发出中断申请，是用中断申请标志位的状态来通知 CPU 的，这些中断申请标志位集中安排在定时/计数控制寄存器 TCON 和串行口控制寄存器 SCON 中。另外，CPU 是否允许中断和对中断优先权的管理，分别用中断允许寄存器 IE、中断优先寄存器 IP 进行中断控制。TCON、SCON、IE 和 IP 这四个特殊的寄存器统称为中断系统控制寄存器，AT89S52 还含有 T2CON。

（1）定时器控制寄存器（TCON）：TCON 寄存器用于保存外部中断申请及定时器的计数溢出中断申请的标志，它的八位对应功能见表 4-2-1 所示。

表 4-2-1　TCON 寄存器的八位及功能

位	TF1	TR1	TF0	TR0	IE1	IT1	IE0	IT0
功能	定时器1中断申请标志位	T1启动控制位	定时器1中断申请标志位	T0启动控制位	外部中断1中断申请标志位	外部中断触发方式	外部中断0中断申请标志位	外部中断触发方式

① TF1/TF0：为定时器 T1/T0 溢出中断申请标志位。T1/T0 定时和计数发生溢出时由硬件置1；CPU 响应中断后，由硬件将其清0。

② TR1/TR0：定时器启动位 TR1（TR0）=1，启动 T1（T0）；TR1（TR0）=0，T1（T0）。

③ IE1/IE0：外部中断 INT1/INT0 的中断申请标志。有外部中断请求时，IE1/IE0 置1；无请求，IE1（IE0）＝0。

④ IT1 和 IT0：分别为外部中断 INT1 和/INT0 的触发方式。IT1（IT0）＝1，下降沿引发中断申请；IT1（IT0）＝0，低电平引发中断申请。

说明：TCON 中的 TF1、TF0、IE1、IE0 位置 1 不是由程序来设置的，而是由单片机根据具体情况由硬件自动设置。对定时/计数器 T0、T1 的中断，CPU 响应中断后，硬件自动清除中断请求标志 TF0 和 TF1。编程中也可在主程序中利用查询中断请求标志 TF0 和 TF1 的状态，完成相应的中断功能，不使用中断服务程序。

（2）串行口控制寄存器（SCON）：SCON 是单片机的一个可位寻址的专用寄存器，用于串行数据通信的控制。寄存器的内容如表 4-2-2 所示。其中 TI 和 RI 是中断申请标志位。

表 4-2-2 SCON 寄存器的位及功能

位	SM0	SM1	SM2	REN	TB8	RB8	TI	RI
功能	串行口工作方式控制位		多机通信控制位	允许接收位	发送数据位 8	接收数据位 8	发送中断标志位	接收中断标志位

① TI/RI：当串口发送/接收完一帧后，中断申请标志位由硬件置 1，向 CPU 申请中断。

② 其余位为波特率的设置。

（3）中断允许控制寄存器（IE）：在单片机的中断系统中，中断的允许或禁止是由可进行位寻址的八位寄存器 IE 进行控制。IE 地址：0A8H。其各位及功能见表 4-2-3 所示。

表 4-2-3 IE 寄存器的位及功能

位	EA	ET2	ES	ET1	EX1	ET0	EX0
功能	总控制位	定时器 2 允许位	串行口中断 允许位	定时器 1 允许位	外部中断 1 允许位	定时器 0 允许位	外部中断 0 允许位

① EA＝0，CPU 禁止所有中断，CPU 不执行中断程序。

② ES、ET2、ET1、ET0、EX1、EX0 位分别控制六个中断源。当某位置 1 时，CPU 允许相应的中断源申请中断；反之，则为不允许。

（4）优先级寄存器（IP）：CPU 是按中断源的优先级响应中断的，优先级别高的中断就先响应。寄存器 IP 就是用于控制六个中断源的优先级别，其各位及功能如表 4-2-4 所示。

表 4-2-4 IP 寄存器的位及功能

位	高位一	高位二	PT2	PS	PT1	PX1	PT0	PX0
功能	任意值		定时器 2 级别 控制位	串行口 级别控制位	定时器 1 级别控制位	外部中断 1 级别 控制位	定时器 0 级别控制位	外部中断 0 级别 控制位

① IP 的高二位没用，可取任何值。

② PS、PT2、PT1、PT0、PX1、PX0 位分别控制六个中断源的中断优先级别，当某位置 1 时，则对应中断源的中断优先级为高级；反之，则为低级。

四、定时/计数器简介

AT89S52 单片机内部有三个 16 位可编程的定时/计数器，称为 T0、T1 和 T2。它们的核心部件都是 16 位加法计数器，当计数器计满回零时，产生溢出，中断申请标志置位，发出中断请求，表示定时时间已到或计数已满，可通过编程设置为定时或计数模式。

定时/计数器的寄存器是一个 16 位的寄存器，由两个 8 位寄存器组成，高 8 位为 TH，低 8 位为 TL，如表 4-2-5 所示。

表 4-2-5　定时/计数器寄存器

定时/计数器名称	寄存器（高 8 位）	寄存器（低 8 位）
T0	TH0	TL0
T1	TH1	TL1
T2	TH2	TL2

五、定时/计数器的方式控制寄存器（TMOD）

方式控制寄存器 TMOD，是对 T0 和 T1 的计数方式和计数器控制方式进行设置的寄存器，低 4 位用于 T0，高 4 位用于 T1，TMOD 各位的设置如表 4-2-6 所示。

表 4-2-6　方式控制寄存器 TMOD

位	GATE	C/$\overline{\text{T}}$	M1	M0	GATE	C/$\overline{\text{T}}$	M1	M0
功能	控制定时器 T1				控制定时器 T0			

（1）GATE　定时器动作开关控制位，也称门控位。GATE＝1 时，当外部中断引脚（$\overline{\text{INT0}}$ 或 $\overline{\text{INT1}}$）出现高电平且控制寄存器 TCON 中 TR0（TR1）控制位为 1 时，才启动定时器 T0（T1）。GATE＝0 时，只要控制寄存器 TCON 中 TR0（TR1）控制位为 1，便启动定时器 T0（T1）。

（2）C/$\overline{\text{T}}$　定时/计数器模式选择位。C/$\overline{\text{T}}$＝1 时，设置为计数器模式，定时/计数器的计数脉冲输入来自外部引脚 T0（P3.4）或 T1（P3.5）输入的外部脉冲。C/$\overline{\text{T}}$＝0 时，设置为定时器模式，定时/计数器的计数脉冲输入来自单片机内部系统时钟提供的工作脉冲（系统晶振输出脉冲经 12 分频），计数值乘以机器周期就是定时的时间。

（3）M1、M0　工作方式选择位。定时/计数器有 4 种工作方式，由 M1、M0 进行设置。工作方式的设置见表 4-2-7 所示。

表 4-2-7　工作方式的设置

M1	M0	工作方式	功能说明
0	0	方式 0	13 位定时/计数器，TLx 只用低 5 位
0	1	方式 1	16 位定时/计数器（常用）
1	0	方式 2	自动重装初值的 8 位定时/计数器，THx 的值保持不变，TLx 溢出时，THx 的值自动装入 TLx 中（常用）
1	1	方式 3	仅适用于 T0，T0 分成 2 个独立的 8 位计数器，T1 停止计数

TMOD 不能位操作，只能是整个字节设置，如程序中 TMOD＝0X01；语句就是对 TMOD 进行整体设置。CPU 复位时 TMOD 所有位清 0。

六、定时/计数器的工作方式

1. 工作方式 0

该模式是一个 13 位定时/计数方式，最大计数值为 2^{13}＝8192。由寄存器 THx 的 8 位和

TLx 的低 5 位构成，TLx 高 3 位未用。定时工作方式时，定时时间 t 为：

$$t=(2^{13}-\text{初值})\times\text{机器周期}\ T_m$$

在 C51 程序设计中，其初始值赋值语句为：

$$THx=(2^{13}-t\times f_{osc}/12)/32=(8192-t\times f_{osc}/12)/32;$$
$$TLx=(2^{13}-t\times f_{osc}/12)\%32=(8192-t\times f_{osc}/12)\%32;$$

2. 工作方式 1

该模式是一个 16 位定时/计数方式，最大计数值为 $2^{16}=65536$。当要定时任意时间时，采用预置数的方法，THx 赋高 8 位，TLx 赋低 8 位。定时工作方式时，定时时间为：

$$t=(2^{16}-\text{初值})\times\text{机器周期}\ T_m$$

[例] 若单片机晶振频率 $f_{osc}=12\text{MHz}$，使用定时器 T0 工作在方式 1，定时 10ms 中断，试计算寄存器 TH0 和 TL0 装入的初始值。

解： 已知 $f_{osc}=12\text{MHz}$，则：

$$\text{振荡周期}\ T_c=1/(12\text{MHz})=(1/12)\mu s$$
$$\text{机器周期}\ T_m=12T_c$$
$$=12\times(1/12)\mu s$$
$$=1\ \mu s$$

因为

$$t=(2^{16}-\text{初值})\times T_m$$
$$10000\ \mu s=(65536-\text{初值})\times1\ \mu s$$

所以

$$\text{初值}=65536-10000$$
$$=55536$$
$$=\text{D8F0H}$$

在 C51 程序设计时，一般将装入初值以表达式形式赋值，这样在编译程序时，会自动将计算结果换算成对应的数值，赋值给 THx 和 TLx，其初始值赋值语句为：

$$THx=(2^{16}-t\times f_{osc}/12)/256=(65536-10000)/256;$$
$$TLx=(2^{16}-t\times f_{osc}/12)\%256=(65536-10000)\%256;$$

3. 工作方式 2

该模式是一个 8 位自动装入定时/计数方式，最大计数值为 $2^8=256$。TLx 用作 8 位计数器，THx 用作保存计数初值。在初始化编程时，TLx 和 THx 由指令赋予相同的初值，一旦 TLx 计数溢出，则将 TFx 置 "1"，同时将保存在 THx 中的计数初值自动装入 TLx，继续计数，THx 中的内容保持不变，即 TLx 是一个自动恢复初值的 8 位计数器。定时工作方式时，定时时间为：

$$t=(2^8-\text{初值})\times\text{机器周期}\ T_m$$

在 C51 程序设计中，其初始值赋值语句为：

$$THx=256-t\times f_{osc}/12;$$
$$TLx=256-t\times f_{osc}/12;$$

4. 工作方式 3

该模式下定时/计数器 T0 被分成两个独立的 8 位定时/计数器 TL0 和 TH0。其中，TL0 既可作定时器，又可作计数器使用，而 TH0 则被固定为一个 8 位定时器（不能作外部计数模式）。T0 被分成两个来用，那就要两套控制及溢出标记：TL0 还是用原来的 T0 的标记，而 TH0 则使用定时器 T1 的状态控制位 TR1 和 TF1。TL0 定时工作方式时，定时时间为：

$$t = (2^8 - 初值) \times 机器周期\ T_m$$

七、C51 中的中断函数

1. 中断号

在 C51 中，每一个中断源都有一个指定的中断号，中断服务函数中必须声明对应的中断号，用中断号确定该中断服务程序是哪个中断所对应的中断服务程序。AT89S52 的六个中断源所对应的中断号，以及中断系统硬件确定的优先级别，见表 4-2-8。

表 4-2-8　中断号和优先级别

中断源	入口地址	中断号	优先级别	说明
外部中断 0	0003H	0	最高	来自 P3.2 引脚（IT0）的外部中断请求
定时/计数器 0	000BH	1	—	定时/计数器 T0 溢出中断请求
外部中断 1	0013H	2	—	来自 P3.3 引脚（IT1）的外部中断请求
定时/计数器 1	001BH	3	—	定时/计数器 T1 溢出中断请求
串行口	0023H	4	—	串行口完成一帧数据的发送或接收中断
定时/计数器 2	002BH	5	最低	定时/计数器 T2 溢出中断请求

2. 中断函数的格式

C51 中的中断函数格式如下：

函数类型　函数名（参数）interrupt　中断号　［using　寄存器组号］

其中，函数类型和参数都取为 void。［using　寄存器组号］用于指定该中断函数内部使用的工作寄存器组，寄存器组号的取值为 0～3，可以省略不作设置。

3. 中断服务程序的执行

中断服务程序的执行过程如图 4-2-1 所示。在程序的执行过程中，如果发生了中断，该中断又是允许中断的，那么正在执行的程序被暂时中断执行，转而执行对应的中断服务程序。中断服务程序执行结束后，自动返回到被中断的程序，继续从中断点执行原来的程序。

要执行中断服务程序，必须正确设置相应的寄存器，图 4-2-2 是外部中断 0 对应的各寄存器的设置和工作示意图。

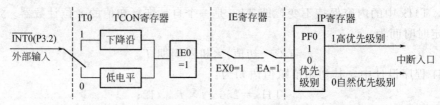

图 4-2-2　外部中断 0 对应的寄存器设置和工作示意图

八、定时器中断初始化流程

在使用定时器时，需要先对与定时器相关的一些寄存器进行初始化设置，初始化设置流程如图 4-2-3 所示。

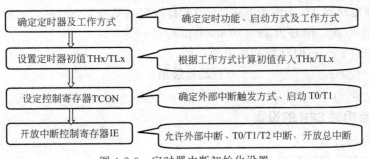

图 4-2-3　定时器中断初始化设置

任务实施

一、电路设计

99s 秒表需要显示个位和十位，因此电路中有两只数码管，它们分别接在 P0 口和 P2 口，按键 K1 与 P3.2 引脚相接，当按键按下时，引脚产生一个下降沿的脉冲，利用这个脉冲，使单片机产生中断控制，从而执行对应的中断服务程序。电路原理如图 4-2-4 所示。

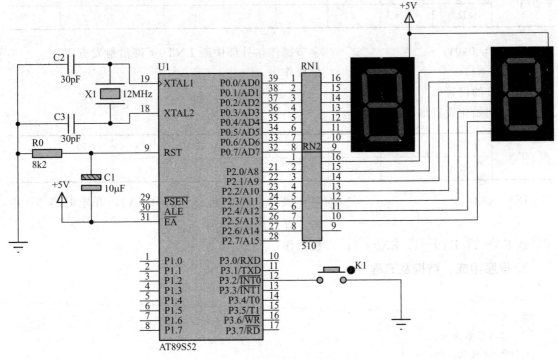

图 4-2-4　99s 秒表电路原理图

二、程序设计

1. 定时时间的计算

|1s|=|200 μs|×|5000|
|总定时时间|　|定时器定时时间|　|定时器定时次数|

本设计选择定时器 T0 工作于方式 2，设置每次定时基准为 200 μs，定时时间到则计数 1 次，连续计数 5000 次，刚好为 1s（1000000 μs）。

每次定时中断 200 μs 时计数初始值为：

TH0＝256－200；   //自动重装值

TL0＝256－200；   //初始值

2. 定时中断相关 SFR 的设置

（1）TMOD 的设置

TMOD 的初始化设置如下：

TMOD	位符号	GATE	C/$\overline{T}$	M1	M0	GATE	C/$\overline{T}$	M1	M0
	位设置	0	0	0	0	0	0	1	0

TMOD＝0x02；   //选择定时器 T0 工作于方式 2，软件启动。

（2）TCON 的设置

TCON 的初始化设置如下：

TCON	位符号	TF1	TR1	TF0	TR0	IE1	IT1	IE0	IT0
	位设置	0	0	0	0	0	0	0	1

TCON＝0x01；   //字节操作，外部中断 I$\overline{NT0}$ 下降沿触发方式。

或 IT0＝1；   //位操作

（3）IE 的设置

IE 的初始化设置如下：

IE	位符号	EA	/	ET2	ES	ET1	EX1	ET0	EX0
	位设置	1	0	0	0	0	0	1	1

IE＝0x83；   //字节操作，开中断总允许（EA），开定时器 T0 中断，开外部 I$\overline{NT0}$ 中断。

或 EA＝1；ET0＝1；EX0＝1； //位操作

3. 程序组成、结构及流程

头文件语句；

端口声名；

无符号 8 位数声名；

无符号 16 位数声名；

定义按键操作次数变量；

定义定时中断次数变量；

定义秒个位及十位变量；

定义数组变量（段码表）；

main()

{

   外部中断 EX0 设置；

   定时器 T0 初始化设置；

```
中断允许控制寄存器设置;
while(1)
  {
    if(秒计数变量值判断)
      {
        秒计数变量清零;
        秒个位计算;
        秒十位计算;
      }
    秒个位输出;
    秒十位输出;
  }
}
```

99s 秒表主程序及中断子程序流程如图 4-2-5 所示。

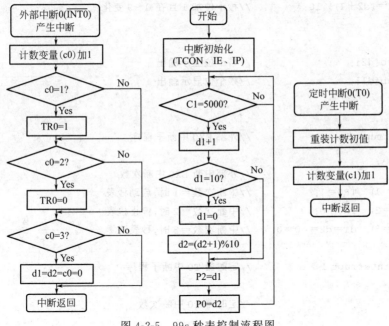

图 4-2-5　99s 秒表控制流程图

参考程序

```
/* 99s 秒表程序 samp4-2.c* /
# include<reg52.h>              //包含头文件
# define out1 P2               //P2 口等效于 out1
# define out2 P0               //P0 口等效于 out2
# defineuchar unsigned char    //uchar 等效于 unsigned char
# defineuint unsigned int      //uint 等效于 unsigned int
/* 段码表* /
uchar code tab[]={0xc0,0xf9,0xa4,0xb0,0x99,0x92,0x82,0xf8,0x80,0x90,0xff};
uchar c0,d1,d2;                //按键次数变量、秒个位变量、十位变量
uint c1;                       //T0 中断次数变量
```

```
void main(void)                    //主程序
{
  TCON=0x01;                       //外部中断 EX0 工作在下降沿捕捉方式
  TMOD=0x02;                       //选定时器 T0(选定时器的工作方式 2);
  TH0=TL0=56;                      //自动重装初值=256-200;
  IE=0x83;                         //EA=1,ET0=1,EX0=1;
  while(1)
    {
    if(c1==5000)                   //1s 到了吗?
      {
      c1=0;                        //秒计数清零
      d1++;                        //秒个位加 1
      if(d1==10)                   //秒个位到 10 了吗?
        {
        d1=0;                      //秒个位清零
        d2=(d2+1)%10;              //秒十位加 1 且在 0~9 变化
        }
      }
    P0=tab[d2];                    //秒十位显示输出
    P2=tab[d1];                    //秒个位显示输出
    }
}
wai()interrupt 0                   //外部 EX0 中断子程序
  {
  c0++;                            //外部中断 EX0 中断次数
  if(c0==1)   TR0=1;               //中断次数=1 时,启动秒表
  if(c0==2)   TR0=0;               //中断次数=2 时,停止秒表
  if(c0==3)   d1=d2=c0=0;          //中断次数=3 时,秒表清零
  }
dingshi()interrupt 1               //定时器 T0 中断子程序
  {
  c1++;                            //定时器 T0 中断次数
  }
```

三、仿真调试

从 Proteus 器件库中选择如下元件：单片机（AT89C52）、电阻（RES）、电容（CAP、CAP-ELEC）、晶振（CRYSTAL）、按钮（BUTTON）、排阻（RX8）、7 段数码管（7SEG-COM-AN-GRN）。按图 4-2-4 绘制连接电路，然后将在 Keil 中编译生成的 hex 可执行文件，下载到单片机中进行仿真调试。

任务考核评价

99s 秒表任务考核评价见表 4-2-9。

表 4-2-9　任务考核评价

评价内容		分值	评分标准	得分
仿真图绘制	元件选择	10	选择错误一处扣3分	
	导线连接	15	导线连接错误,每处扣3分 导线连接不规范,每处扣2分	
	图形布局	5	要整齐、美观、规范	
软件编写	程序编写	5	规范、合理,错误一处扣2分	
	程序下载	5	不能下载到仿真图内扣5分	
	仿真调试	50	功能不全,缺一处扣10分	
安全文明操作	遵守安全文明操作规程	10	违反安全操作规程,酌情扣3~10分	

拓展练习

1. 修改电路图 4-2-4 和程序 samp4-2.c,实现 999s 秒表。
2. 按键改接到 P3.3 后,该任务怎样编程?
3. 将本任务中的程序改用 T1 编写。

任务三　▷▷▷

电子时钟

任务描述

设计一个电子时钟,用 8 位数码管实时显示当前时间,小时、分钟、秒各用 2 位显示,其间有 2 位闪烁显示 1 横,三只按键用于校准:1 只为设定键,按住 3s 进入显示修改状态,初始为小时十位,该位闪烁,再按对应小时个位……3s 内无键按下,退出修改状态;另两只为加 1 和减 1 键,数字加减时在正常时间范围。

任务分析

本任务的硬件电路利用 YL-236 实训装置的单片机主机模块、电源模块、指令模块(独立按键)和显示模块(数码管);软件部分用到定时中断、独立按键识别、按键按下计时、按键按下次数、时间数字处理、数字校准、显示等程序;显示部分用 8 只数码管,需动态扫描显示。

知识准备

一、动态扫描显示

由于单片机 I/O 口数量有限,需多个数码管显示时,数码管的段线不能分别连接单片机的 I/O 口,而是把数码管的段线并联到单片机的 1 个 I/O 口,一般接 P0 口。数码管公共线不是连接电源，而是作为数据位选线，用单片机的端口控制，如图 4-3-1 所示。

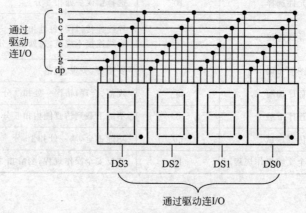

图 4-3-1   多位数码管的连接

动态扫描显示，即轮流向各位数码管送出字形码和相应的位选，利用发光二极管的余辉效应和人眼视觉暂留特性，使人的感觉好像各位数码管同时都在显示。动态显示的特点是将所有数码管的段选线并联在一起，由位选线控制哪一位数码管有效。点亮数码管采用动态扫描显示。动态显示的亮度比静态显示要差一些，所以，在选择限流电阻时，应略小于静态显示电路中的电阻。

二、亚龙单片机实训装置的数码管显示

亚龙单片机实训装置数码管显示单元面板如图 4-3-2 所示。

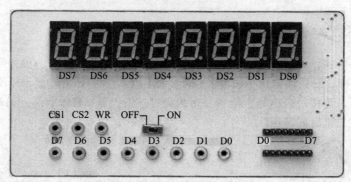

图 4-3-2   数码管显示单元面板图

数码管显示单元由 8 只数码管组成，其电路原理如图 4-3-3 所示。

本电路中利用锁存器 74LS377 作为中间环节来控制数码管，每个数码管的各段都与锁存器 U2 的输出口相连接，U2 起控制段码传送的作用。各个数码管的公共端连接 1 只三极管，三极管的基极由锁存器 U3 的输出控制，U3 起控制位码传送的作用，实现选择相应位的数码管。

三、8 通道锁存器 74HC377

54/74LS（HC）377 为八个 D 边沿触发器，当允许控制端/E（/G）为低电平时，时钟

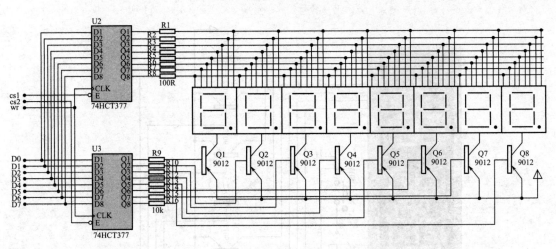

图 4-3-3 亚龙数码管显示单元电路原理图

端（CLK）脉冲上升沿作用下，输出端 Q 与数据端 D 相一致。当 CLK 为高电平或者低电平时，D 对 Q 没影响。

引出端符号：

/E（/G）允许控制端（低电平有效）

D0～D7 数据输入端

Q0～Q7 数据输出端

CLK 时钟输入端（上升沿有效）

其外接管脚图、功能表如图 4-3-4 所示。

(TOP VIEW)

$\overline{G}$	1	20	V_{CC}
1Q	2	19	8Q
1D	3	18	8D
2D	4	17	7D
2Q	5	16	7Q
3Q	6	15	6Q
3D	7	14	6D
4D	8	13	5D
4Q	9	12	5Q
GND	10	11	CLK

FUNCTION TABLE
(EACH FLIP-FLOP)

INPUTS			OUTPUTS	
$\overline{G}$	CLOCK	DATA	Q	$\overline{Q}$
H	X	X	Q_0	$\overline{Q_0}$
L	↑	H	H	L
L	↑	L	L	H
X	L	X	Q_0	$\overline{Q_0}$

图 4-3-4 74HC373 的管脚图和功能表

任务实施

一、电路设计

电子时钟电路由单片机 AT89S52、锁存器 74HCT377、三极管 9012、按钮、数码管、晶振、电容、电阻、排阻、5V 电源等元件组成，电路原理如图 4-3-5 所示。

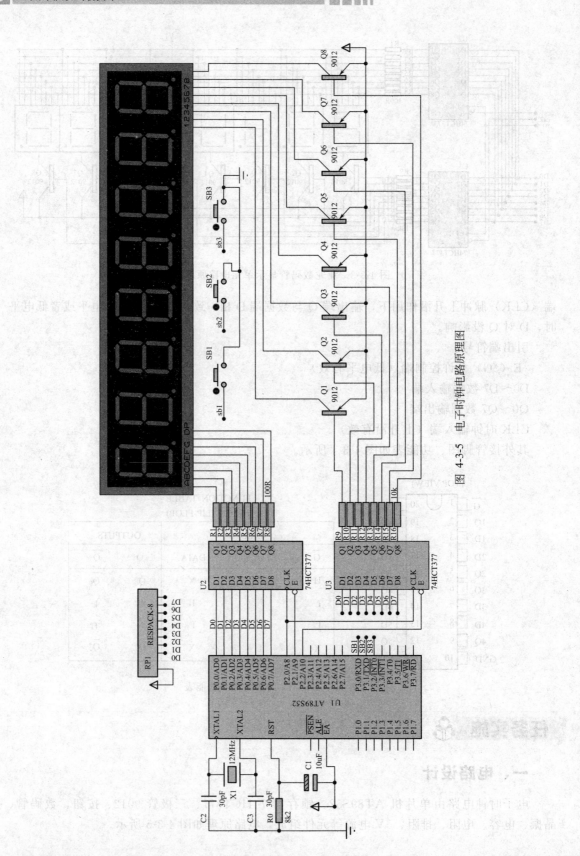

图 4-3-5 电子时钟电路原理图

二、程序设计

程序组成、结构及流程如下：

头语句；

端口声名语句；

无符号词声名；

端口位定义；

定义 8 位变量；

定义 16 位变量；

定义 32 位变量；

定义位标志变量；

定义段码表；

定义计算中间数变量串；

定义显示缓存变量串；

按键扫描子程序；

时间计算子程序；

主程序

{

　设修改位初值；

　T0初始化语句；

　while(1)

　　{

　　　调按键输入子程序；

　　　进入修改状态定时计数启动标志运算；

　　　退出修改状态定时计数启动标志运算；

　　　有键按下退出修改状态定时计数变量清零；

　　　调时间变化计算子程序；

　　　if(显示数字修改标志判断)

　　　　{

　　　　　显示位数字修改；

　　　　}

　　　闪烁位变化；

　　　时间数字传送至显示缓存数组；

　　}

}

T0 中断子程序

程序流程如图 4-3-6 所示。

参考程序

```
# include"reg52.h"              //头文件语句
# define out P0                 //端口声明
# define uchar unsigned char    //无符号八位字符声明
# define uint unsigned int      //无符号十六位字符声明
sbit wr＝P2^0;                   //定义数据输出控制连接端口
```

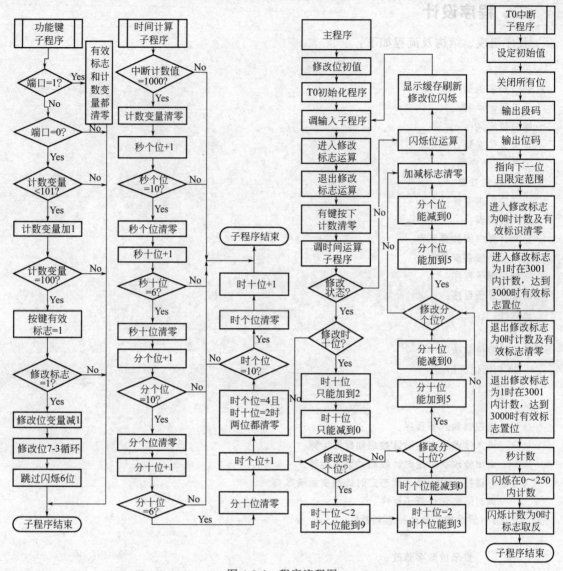

图 4-3-6　程序流程图

```
sbit cs1=P2^1;                          //定义锁存器 1 连接端口
sbit cs2=P2^2;                          //定义锁存器 2 连接端口
sbit sb1=P3^0;                          //定义按钮连接端口
sbit sb2=P3^1;                          //定义按钮连接端口
sbit sb3=P3^2;                          //定义按钮连接端口
uchar c1,c2,c3,c50,j,k;                 //定义消除按钮抖动计数变量及数字位
                                        //变量
uint tc1,tc2,tc4,tc5;                   //定时计数变量
unsigned long tc3;                      //定时计数变量
bit x1,x2,x3;                           //定义按钮有效位变量
bit t2,tm4,tm5,t4,t5;                   //定义定时器有效及其启动位变量
uchar codetab[]=                        //段码数组
```

```
{0xc0,0xf9,0xa4,0xb0,0x99,0x92,0x82,0xf8,0x80,0x90,0xbf,0xff,};
uchar d[]={0,0,10,0,0,10,2,1};                    //数据计算暂存数组
uchar d1[]={0,0,10,0,0,10,2,1};                   //显示缓存数组
key()//按键扫描子程序
  {
  if(sb1==1)x1=c1=0;                              //启动按钮连接端口高电平时,按钮有效
                                                  //  位变量及计数变量清零

  if(sb1==0)                                      //启动按钮连接端口低电平时
    {
    if(c1<101)c1++;                               //计数值<101时,计数+1
    if(c1==100)                                   //计数值=100时,按钮有效变量置1
      {
      x1=1;                                       //有效位变量置1
      if(t4==1)                                   //t4=1为修改状态
        {
        c50--;                                    //闪烁位指向下一位
        if(c50==2)c50=7;                          //修改位循环
        if(c50==5)c50=4;                          //跳过闪烁位
        }
      }
    }
  if(sb2==1)x2=c2=0;                              //加1按钮连接端口高电平时,按钮有效
                                                  //  位变量及计数变量清零

  if(sb2==0)                                      //加1按钮连接端口低电平时
    {
    if(c2<101)c2++;                               //计数值<101时,计数+1
    if(c2==100)x2=1;                              //计数值=100时,按钮有效位变量置1
    }
  if(sb3==1)x3=c3=0;                              //减1按钮连接端口高电平时,按钮有效
                                                  //  位变量及计数变量清零

  if(sb3==0)                                      //减1按钮连接端口低电平时
    {
    if(c3<101)c3++;                               //计数值<101时,计数+1
    if(c3==100)x3=1;                              //计数值=100时,按钮有效位变量置1
    }
}
shijian()                                         //时间变化计算子程序
  {
  if(tc1==1000)                                   //1s时间到?
    {
    tc1=0;                                        //秒计数变量清零
    d[0]++;                                       //秒个位加1
    if(d[0]==10)                                  //到10s?
      {
      d[0]=0;                                     //秒个位清零
```

```
      d[1]++;                                        //秒十位加1
      if(d[1]==6)                                    //60s到?
        {
        d[1]=0;                                      //秒十位清零
        d[3]++;                                      //分个位加1
        if(d[3]==10)                                 //10分钟到?
          {
          d[3]=0;                                    //分个位清零
          d[4]++;                                    //分十位加1
          if(d[4]==6)                                //60分钟到?
            {
            d[4]=0;                                  //分十位清零
            d[6]++;                                  //时个位加1
            if((d[6]==4)&&(d[7]==2))d[6]=d[7]=0;     //24时到时位清零
            if(d[6]==10)                             //时个位加到10?
              {
              d[6]=0;                                //时个位清零
              d[7]++;                                //时十位加1
              }
            }
          }
        }
      }
    }
  }
}
main()
  {
  c50=7;                                             //修改位初值
  TMOD=0x01;                                         //选定时器T0(选定时器的工作方式1);
  TH0=0xfc;                                          //((0X10000-1000)/256);//定时器
                                                       赋初值高8位;
  TL0=0x18;                                          //((0X10000-1000)%256);//定时器
                                                       赋初值低8位;
  ET0=1;                                             //允许定时器中断;
  EA=1;                                              //开总中断;
  TR0=1;                                             //启动计数器
  while(1)
    {
    shuru();                                         //调用输入子程序
    tm4=(x1|t4)&(~t5);                               //进入修改状态定时启动标志
    tm5=t4&(~t5);                                    //退出修改状态定时启动标志
    if((x1|x2|x3)==1)tc5=0;                          //有键按下退出修改状态定时计数清零
    shijian();                                       //调时间数据计算子程序
    if(t4==1)                                        //时间修改条件
      {
```

```
    if(c50==7)                                  //修改小时10位
      {
      if((x2==1)&&(d[7]<2))d[7]++;              //小时十位只能加到2
      if((x3==1)&&(d[7]>0))d[7]--;              //小时十位只能减到0
      }
    if(c50==6)                                  //修改小时个位
      {
      if((x2==1)&&(d[6]<9)&&(d[7]<2))d[6]++;    //时间<20时,个位只能加到9
      if((x2==1)&&(d[6]<3)&&(d[7]==2))d[6]++;   //时间>=20时,个位只能加到3
      if((x3==1)&&(d[6]>0))d[6]--;              //时间>0时,个位-1
      }
    if(c50==4)                                  //修改分钟10位
      {
      if((x2==1)&&(d[4]<5))d[4]++;              //分钟十位只能+到5
      if((x3==1)&&(d[4]>0))d[4]--;              //分钟十位只能-到0
      }
    if(c50==3)                                  //修改分钟个位
      {
      if((x2==1)&&(d[3]<9))d[3]++;              //分钟个位只能+到9
      if((x3==1)&&(d[3]>0))d[3]--;              //分钟个位只能-到0
      }
    x2=x3=0;                                    //加、减标志清零
    }
  d[2]=d[5]=10|t2;                              //闪烁位
  for(k=0;k<8;k++)                              //8位时间数据传送到显示缓存
    {
    if((t4&t2)==0)d1[k]=d[k];                   //非修改时或修改间隔,正常时间数据传
                                                  送到显示缓存
    if(((t4&t2)==1)&&(k==c50))d1[c50]=11;       //修改状态时,修改位灭,达到闪烁目的
    }
  }
}
dingshi()interrupt 1                            //定时器T0中断子程序
  {
  TH0=0xfc;                                     //定时器赋初值高8位;
  TL0=0x18;                                     //定时器赋初值低8位;
  out=0xff;                                     //清位(关所有位)
  cs2=0;wr=0;
  wr=1;cs2=1;
  out=rem[d1[j]];                               //输出段数据
  cs1=0;wr=0;
  wr=1;cs1=1;
  out=~(1<<j);                                  //输出位数据
  cs2=0;wr=0;
  wr=1;cs2=1;
```

```
j=(j+1)%8;                              //指向下一显示位,且限定数码管位数
if(tm4==0)tc4=t4=0;                     //修改计数及标志清零
if(tm4==1)                             //进入修改时 3s 定时计数
  {
  if(tc4<3001)tc4++;
  if(tc4==3000)t4=1;
  }
if(tm5==0)                             //退出修改状态后复位
  {
  tc5=t5=0;
  c50=7;
  }
if(tm5==1)                             //退出修改时 3s 定时计数
  {
  if(tc5<3001)tc5++;
  if(tc5==3000)t5=1;
  }
tc1++;                                 //秒计数
tc2=(tc2+1)%250;                       //闪烁计数
if(tc2==0)t2=~t2;                      //闪烁标志变化
}
```

三、模块接线图

本任务采用主机模块 MCU01、电源模块 MCU02、显示模块 MCU04 和指令模块 MCU06,根据原理图,将各模块进行连接,电路模块接线如图 4-3-7 所示。

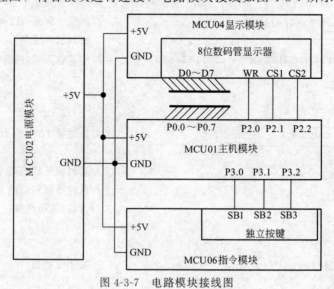

图 4-3-7　电路模块接线图

四、实物接线图

在 YL-236 实训装置中,实现电子时钟功能的各模块实物接线图如图 4-3-8 所示。

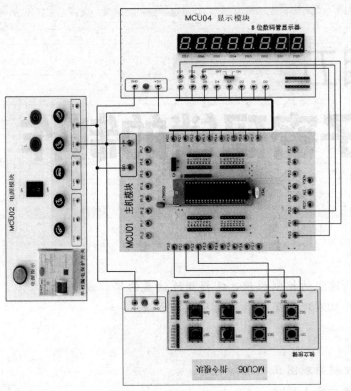

图 4-3-8　电子时钟实物接线图

任务考核评价

电子时钟的任务考核评价见表 4-3-1。

表 4-3-1　任务考核评价

	评价内容	分值	评分标准	得分
连线图及工艺	模块选择	10	选择错误一处扣 3 分	
	导线连接	15	导线连接错误，每处扣 3 分 导线连接不规范，每处扣 2 分 电源线和信号线不区分扣 2 分	
	模块布局	5	要整齐、美观、规范	
	模块连线图	10	规范、整齐。错误一处扣 2 分	
软件编写	程序编写	5	规范、合理，错误一处扣 2 分	
	程序下载	5	不能下载到芯片内扣 5 分	
	功能调试	40	功能不全，缺一处扣 10 分	
安全文明操作	遵守安全文明操作规程	10	违反安全操作规程，酌情扣 3～10 分	

拓展练习

1. 修改本任务编写的程序，使其能实现数字时钟秒位的数字校准。

2. 增加 1 个闹铃设置按键和 1 路蜂鸣器控制，实现每日 7 时鸣响 3 秒的闹铃功能。

项目五
电子密码锁的制作

💡 知识目标

① 理解矩阵键盘的控制原理，掌握矩阵键盘的编程方法；

② 理解单片机实现电子密码锁的原理和方法。

💡 技能目标

① 能根据控制原理图正确连接电路；

② 会编写键盘输入程序；

③ 会应用键盘实现单片机程序控制。

💡 项目概述

电子密码锁由于使用方便，只需记住一组密码，无需携带钥匙，因而受到人们的喜爱，广泛应用于宾馆、车库、房门、保险柜等场合。它一般采用矩阵键盘作为密码输入设备，具有开锁、报警等功能。本项目通过两个任务来学习矩阵键盘的使用和简易电子密码锁的控制方法。

任务一 ▷▷▷
十六进制数的输入与显示

任务描述 ✍

用 4×4 矩阵键盘作为输入设备，当键盘中的按键按下时，单片机正确辨识按键，并控制数码管显示输入的十六进制数。

任务分析 🔍

矩阵键盘是单片机常用的输入设备，要实现矩阵键盘对单片机的控制，应熟悉单片机与矩阵键盘的连接方式，掌握单片机对按键的辨识与处理方法。

知识准备

一、键盘

在单片机的控制系统中，键盘是实现人机交互的重要输入设备。键盘是一组按键的组合，按照与单片机的连接方式，键盘分为独立式键盘和矩阵式键盘。

1. 独立式键盘

独立式键盘的各个按键之间是彼此独立的，每个按键占用一个 I/O 口线，如图 5-1-1 所示，按键的一端与地相接，另一端与单片机的 I/O 口相连。当所需按键较多时，需要的 I/O 口也较多，因此 I/O 口的利用率不高，但其编程方法简单，与单个按键的编程方法相同，适用于所需按键数较少的场合。

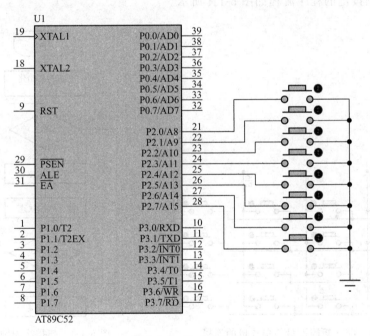

图 5-1-1　独立式键盘

2. 矩阵式键盘

矩阵式键盘又称行列式键盘，由行线、列线和位于行列线交叉点上的按键组成。一般情况下，按键数等于行数和列数的乘积。因此，它能提供较多的按键。常见的矩阵键盘有 4×4、4×8等。其中，4×4 矩阵键盘应用较多，其外形如图 5-1-2 所示。在与单片机连接时，行线和列线分别与单片机的引脚相连，如图 5-1-3 所示，P1.0～P1.3 分别连接 4 根行线，P1.4～P1.7 分别连接 4 根列线。

图 5-1-2　4×4 矩阵键盘

二、矩阵式键盘对按键的处理

在使用矩阵式键盘时，应正确识别按键的状态，并根据不同的按键进行不同处理。矩阵式键盘对按键的处理包括四项内容：按键的识别、去抖动、键译码和键释放的判断。

1. 按键的识别

矩阵式键盘由于采用矩阵式结构，一根 I/O 线已经不能确定哪一个按键被按下，需要通过连接到键上的两根 I/O 线的状态共同来确定键的状态。在单片机控制系统中，常采用扫描法识别键盘中哪一个按键被按下。所谓扫描法，即用行线输出，列线输入（也可交换行线和列线的输入/输出关系）。在图 5-1-3 中，使与 P1.0～P1.3 相连接的矩阵键盘的行线逐行输出 0，然后从 P1 口读入列线的状态。如果列线全为 1，则按下的按键不在此行；如果不全为 1，则按下的按键必在此行，而且是该行与"0"电平列线相交的交点上的那个按键。采用扫描法识别按键的程序流程如图 5-1-4 所示。

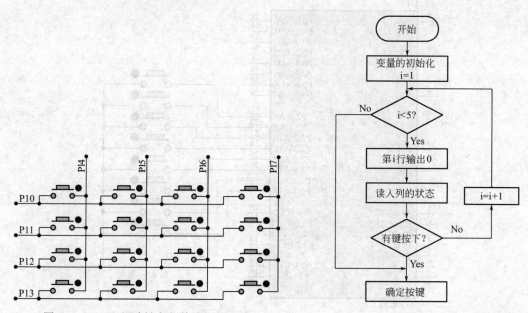

图 5-1-3　4×4 矩阵键盘与单片机的连接　　　图 5-1-4　扫描法识别按键流程图

2. 去抖动

判断有按键按下后，延时一段时间，再判断键盘的状态。如果仍为有键按下状态，则认为有键按下，否则按抖动处理。

3. 键译码

如果 4×4 矩阵键盘对应的键盘布局如图 5-1-5 所示，可采用行扫描法进行按键

0	1	2	3
4	5	6	7
8	9	A	B
C	D	E	F

图 5-1-5　键盘布局

的识别，当第一行为低电平"0"，其他各行为高电平"1"，即 P1 口输出 0Xfe 时，此时如果按键"0"被按下，则第一列即 P1.4 引脚为低电平，其他各列为高电平"1"，此时 P1 口的扫描码为 0xee，同理可得其他各按键对应的扫描码，见表 5-1-1。

表 5-1-1　按键对应的扫描码

按键名称	0	1	2	3	4	5	6	7
扫描码	0xee	0xde	0xbe	0x7e	oxed	0xdd	oxbd	0x7d
按键名称	8	9	A	B	C	D	E	F
扫描码	0xeb	0xdb	0xbb	0x7b	0xe7	0xd7	0xb7	0x77

由于按键和扫描码之间的一一对应关系，根据扫描码即可确定按键。程序中常用 switch/case 语句实现按键的识别。矩阵键盘在不同的应用场合，按键的名称也有所不同。为了使键盘扫描程序有一个规范的编码输出，即不管按键的物理位置和人为规定按键功能的变化，都将按键转换成一个标准的数值。如将 4×4 矩阵键盘中的 16 个按键依次编号为 0～15，当有按键按下时，键盘扫描程序返回相应的按键编号，当没有按键按下时，返回 16。以后在使用矩阵键盘时，根据键盘布局和键盘扫描程序的返回值就可以对按键进行不同的处理。

4. 判断按键是否释放

根据按键的扫描码确定按键以后，还应判断按键是否释放，按键释放后，再根据不同的按键执行相应的按键处理程序，这样做是为了保证每按下一次按键只进行一次按键处理。在图 5-1-5 中，当按键释放后，键盘各列线为高电平，可用如下程序进行判断：

```
temp＝P1;
while((temp&0xf0)!＝0xf0)
{
  temp＝P1;
}
```

综合以上分析，矩阵式键盘对按键处理的程序流程如图 5-1-6 所示。

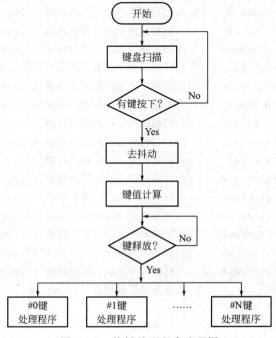

图 5-1-6　按键处理程序流程图

键盘扫描程序如下：

```
/* 键盘扫描函数* /
uchar keyscan()                      //返回值类型为无符号字符型
  {
  unsigned char i,j=1,temp,num;      //变量 j 取反后,提供键盘的扫描码
  for(i=0;i<4;i++)                   //循环四次,完成四行的扫描
    {
    P1=~j;                           //P1 的高四位为高电平,低四位为行扫描码
    temp=P1;                         //读取 P1 口的状态,赋值给变量 temp
    temp=temp&0xf0;                  //保留 temp 中的高 4 位,低四位置零,即读取键盘 4 列的状态
    if(temp! =0xf0)                  //如果高四位不全位 1,说明有键按下
      {
      delay();                       //延时消抖
      temp=P1;                       //重新读取 P1 口的状态
      temp=temp&0xf0;                //重新读取键盘四列的状态
    if(temp! =0xf0)
      {
      temp=P1;                       //读取按键的扫描码
      break;                         //如果检测到有按键按下,则跳出循环
      }
     }
    j=j<<1;                          //左移一位,指向下一行
    }
  switch(temp)                       //键译码:根据扫描码,返回不同的键值
    {
    case 0xee:num=0;break;           //扫描码为 0xee,则为按键"0",num=0
    case 0xde:num=1;break;           //扫描码为 0xde,则为按键"1",num=1
    case 0xbe:num=2;break;           //扫描码为 0xbe,则为按键"2",num=2
    case 0x7e:num=3;break;           //扫描码为 0x7e,则为按键"3",num=3
    case 0xed:num=4;break;           //扫描码为 0xed,则为按键"4",num=4
    case 0xdd:num=5;break;           //扫描码为 0xdd,则为按键"5",num=5
    case 0xbd:num=6;break;           //扫描码为 0xbd,则为按键"6",num=6
    case 0x7d:num=7;break;           //扫描码为 0x7d,则为按键"7",num=7
    case 0xeb:num=8;break;           //扫描码为 0xeb,则为按键"8",num=8
    case 0xdb:num=9;break;           //扫描码为 0xdb,则为按键"9",num=9
    case 0xbb:num=10;break;          //扫描码为 0xbb,则为按键"A",num=10
    case 0x7b:num=11;break;          //扫描码为 0x7b,则为按键"B",num=11
    case 0xe7:num=12;break;          //扫描码为 0Xe7,则为按键"C",num=12
    case 0xd7:num=13;break;          //扫描码为 0xd7,则为按键"D",num=13
    case 0xb7:num=14;break;          //扫描码为 0xb7,则为按键"E",num=14
    case 0x77:num=15;break;          //扫描码为 0x77,则为按键"F",num=15
    default:num=16;                  //如果没有按键按下,num=16
    }
  while((temp&0xf0)! =0xf0)          //松手检测
    {
```

```
        temp=P1;
    }
  return num;                    //函数返回值为num
  }
```

5. 程序中的相关语句

switch/case 语句是本任务编程中用到的重要语句，说明如下。

switch 是 C51 中提供的专门处理多分支结构的多分支选择语句。它的格式如下：

```
switch(表达式)
{
  case 常量表达式 1:{语句 1;}break;
  case 常量表达式 2:{语句 2;}break;
  …
  case 常量表达式 n:{语句 n;}break;
  default:{语句 n+1;}
}
```

说明：

（1）switch 后面括号内的表达式，可以是整型或字符型表达式。

（2）当表达式的值与某一个 case 后面的常量表达式的值相等时，就执行此 case 后面的语句，若所有的 case 中的常量表达式的值都没有与表达式的值匹配的，就执行 default 后面的语句，然后退出 switch 语句。

（3）每一个 case 常量表达式的值必须不同，否则会出现自相矛盾的现象。

（4）case 语句和 default 语句出现的次序对执行过程没有影响。

（5）每个 case 语句后面都可以有"break"，也可以没有。有 break 语句，执行到 break 则退出 switch 结构，若没有，则会顺次执行后面的语句，直到遇到 break 或结束。

（6）每一个 case 语句后面可以带一个语句，也可以带多个语句，还可以不带。

（7）多个 case 可以共用一组执行语句。

任务实施

一、电路设计

本任务的输入设备是 4×4 矩阵键盘，键盘布局如图 5-1-5 所示，输出显示设备是 8 只数码管，在与单片机连接时，4×4 矩阵键盘连接单片机的 P1 口，行线接 P1.0～P1.3，列线接 P1.4～P1.7；8 只数码管通过两个锁存器 74ACT377 与单片机相连，当按下矩阵键盘中的按键时，8 只数码管同时显示相应的键值。硬件电路原理图如图 5-1-7 所示。

二、程序设计

1. 程序流程

在本任务中，单片机应反复执行两个任务：键盘扫描和数码管显示。键盘扫描用来判断是否有按键按下，并确定按键的键值。如果有按键按下，更新显示的数据；没有按键按下

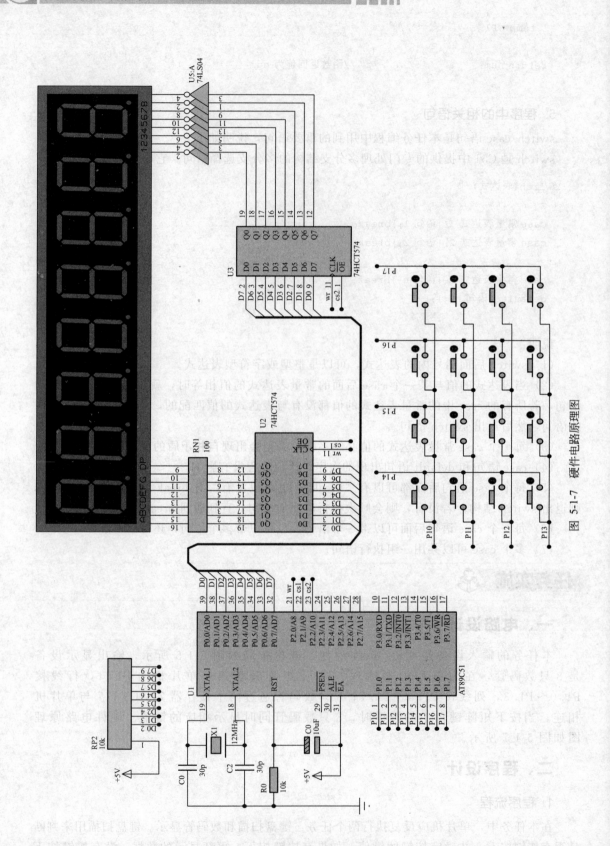

图 5-1-7 硬件电路原理图

时，数码管继续显示上一次按键对应的数据。其程序流程如图 5-1-8 所示，根据流程图，可写出程序组成和结构为：

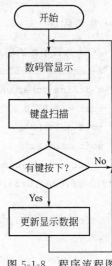

```
包含头文件
无符号 8 位数声明
引脚声明
定义显示代码的数组
延时子程序
键盘扫描子程序
void main()
{
   while(1)
   {
      数码管显示;
      键盘扫描;
      if(有按键按下)
      {更新显示数据;}
   }
}
```

图 5-1-8　程序流程图

2. 数码管显示程序

YL-236 实训装置中的八只数码管为共阳极接法，当矩阵键盘有按键按下时，八只数码管同时显示相应的十六进制数，显示方式为静态显示。数码管显示程序如下：

```
/* 数码管显示函数* /
//显示十六进制数 k
# define uchar unsigned char
sbit wr＝P2^0;          //定义数据输出控制连接端口
sbit cs1＝P2^1;         //定义锁存器 1 的片选信号
sbit cs2＝P2^2;         //定义锁存器 2 的片选信号
void display()
   {
   uchar k;
   uchar dispcode[]＝{0xC0,0xF9,0xA4,0xB0,0x99,0x92,0x82,0xF8,0x80,0x90,0x88,0x83,
0xC6,0xA1,0x86,0x8E,0xFF}; /* 定义共阳型 7 段数码管显示代码,分别为 0~9、A~F 和不显示* /
   P0＝dispcode[k];      //输出段码
   cs1＝0;              //选通与段码相连的锁存器
   wr＝0;               /* 产生一个上升沿的脉冲,段码通过锁存器,输出到数码管的各段* /
   wr＝1
   cs1＝1;              //封锁与段码相连的锁存器
   P0＝0;               /* 输出位码,因为 8 只数码管同时显示,因此 8 只数码管的位码都有效;因
                          为锁存器后面接有反相器,因此共阳型的数码管单片机输出低电平时位
                          码有效* /
   cs2＝0;              //选通与位码相连的锁存器
   wr＝0;               /* 产生一个上升沿的脉冲,位码通过锁存器,输出到数码
   wr＝1管的各公共端* /
```

```
    cs2＝1;                          //封锁与位码相连的锁存器
   }
```

参考程序

```
/* 十六进制数的输入与显示控制程序 samp5-1. c* /
# include"reg52. h"
# define uchar unsigned char
sbit wr＝P2^0;                      //声明变量 wr 表示 P2.0 引脚
sbit cs1＝P2^1;                     //声明变量 cs1 表示 P2.1 引脚
sbit cs2＝P2^2;                     //声明变量 cs2 表示 p2.2 引脚
ucharcode dispcode [ ] ＝ {0xC0, 0xF9, 0xA4, 0xB0, 0x99, 0x92, 0x82, 0xF8, 0x80, 0x90, 0x88,
0x83, 0xC6, 0xA1, 0x86, 0x8E, 0xFF};       /* 定义共阳型 7 段数码管显示代码,分别为 0～9、A～F
                                              和不显示* /

void delay10ms()                    //延时 10ms 子程序
{
  unsigned int m＝5000;
  while(m--);
}
uchar keyscan()                     //键盘扫描子程序,返回值为无符号字符型
  {
  unsigned char   i, j＝1, temp, num＝16;  //变量 j 取反后,提供键盘的扫描码
  for(i=0; i＜4; i＋＋)               //循环四次,完成四行的扫描
    {
    P1＝～j;                         //P1 的高四位为高电平,低四位为行扫描码
    temp＝P1;                        //读取 P1 口的状态,赋值给变量 temp
    temp＝temp&0xf0;                 /* 保留 temp 中的高 4 位,低四位置零,即读取键盘四
                                        列的状态* /
    if(temp! ＝0xf0)                 //如果高四位不全位 1,说明有键按下
      {
      delay10ms();                  //延时消抖
      temp＝P1;                      //重新读取 P1 口的状态
      temp＝temp&0xf0;
      if(temp! ＝0xf0)
        {
        temp＝P1;                    //读取按键的扫描码
        break;                      //如果检测到有按键按下,则跳出循环
        }
      }
    j＝j＜＜1;
    }
  switch(temp)                      //键译码:根据扫描码,返回不同的按键编号
    {
    case 0xee:num＝0;break;
    case 0xde:num＝1;break;
    case 0xbe:num＝2;break;
```

```
    case 0x7e:num=3;break;
    case 0xed:num=4;break;
    case 0xdd:num=5;break;
    case 0xbd:num=6;break;
    case 0x7d:num=7;break;
    case 0xeb:num=8;break;
    case 0xdb:num=9;break;
    case 0xbb:num=10;break;
    case 0x7b:num=11;break;
    case 0xe7:num=12;break;
    case 0xd7:num=13;break;
    case 0xb7:num=14;break;
    case 0x77:num=15;break;
    default:num=16;
    }
  while((temp&0xf0)!=0xf0)          //松手检测
  temp=P1;
  return num;
  }
void main()
  {
  uchar k=16,t;                     //k=16,数码管初始状态不显示
  while(1)
    {
    P0=dispcode[k];                 //输出段码
    cs1=0;                          //选通与段码相连的锁存器
    wr=0;                           //产生一个上升沿的脉冲
    wr=1;
    cs1=1;                          //封锁与段码相连的锁存器
    P0=0;                           //输出位码,所有的数码管均显示,因此全部为低电平
    cs2=0;                          //选通与位码相连的锁存器
    wr=0;                           //产生一个上升沿的脉冲
    wr=1;
    cs2=1;                          //封锁与位码相连的锁存器
    t=keyscan();                    //键盘扫描返回值赋值给变量t
    if(t!=16)                       //如果有按键按下
      {
      k=t;                          //将按键扫描值赋值给变量k,即更新显示数据
      }
    }
  }
```

三、模块接线图

要完成本任务,需要使用 YL-236 实训装置中的主机模块 MCU01、电源模块 MCU02、显示

模块 MCU04 和指令模块 MCU06，根据原理图将各模块进行连接，模块接线如图 5-1-9 所示。

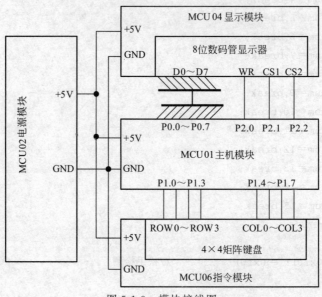

图 5-1-9　模块接线图

四、实物接线图

各模块之间的实物接线如图 5-1-10 所示。

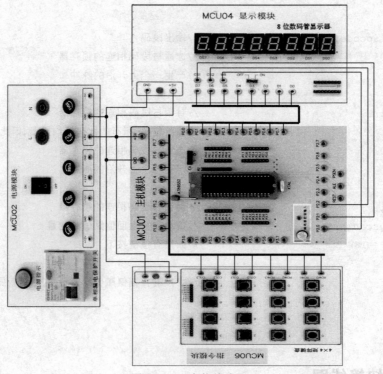

图 5-1-10　实物接线图

任务考核评价

十六进制数的输入与显示的任务考核评价见表 5-1-2。

表 5-1-2　任务考核评价

评价内容		分值	评分标准	得分
连线图及工艺	模块选择	10	选择错误一处扣 3 分	
	导线连接	15	导线连接错误,每处扣 3 分 导线连接不规范,每处扣 2 分 电源线和信号线不区分扣 2 分	
	模块布局	5	要整齐、美观、规范	
	模块连线图	10	规范、整齐。错误一处扣 2 分	
软件编写	程序编写	5	规范、合理,错误一处扣 2 分	
	程序下载	5	不能下载到芯片内扣 5 分	
	功能调试	40	功能不全,缺一处扣 10 分	
安全文明操作	遵守安全文明操作规程	10	违反安全操作规程,酌情扣 3～10 分	

拓展练习

1. 简述矩阵键盘实现按键扫描的过程。

2. 修改程序 samp5-1.c,实现当矩阵键盘的布局变化时,如矩阵键盘布局为图 5-1-11 所示,当有按键按下时,数码管显示相应按键的编号。

3. 使用独立键盘实现 8 路抢答器的功能。8 个独立按键接在单片机的 P1 口,每个参赛选手控制一个按键,按下按键发出抢答信号,主持人控制开始按键和复位按键。当竞赛开始,主持人按下开始按键后,8 位参赛选手中第一个按下按键者为抢答成功,此时数码管显示选手编号,表示其抢答成功,其他参赛选手再抢答无效。竞赛结束,主持人按下复位按键,本轮抢答结束,为下一轮抢答做准备。

A	B	C	D
E	F	1	2
3	4	5	6
7	8	9	0

图 5-1-11　键盘布局

任务二 ▷▷▷

电子密码锁

任务描述

利用单片机设计的简易电子密码锁具有开锁、密码错误报警等功能,采用键盘作为密码输入设备,8 位数码管提示密码的信息,发光二极管和蜂鸣器作为报警装置。

系统通电后,电路进入就绪状态,等待用户输入密码,在用户输入密码的过程中,数码管从右向左显示"—"来提示用户已经输入的密码位数。当用户输入指定位数的密码并按下确认键后,程序判断输入的密码是否正确。密码正确则输出开锁信号,同时点亮绿灯;如输入的密码错误,则点亮黄灯,用户可再次输入密码,如连续 3 次输入密码错误,则点亮红灯,并发出报警信号,这时需将系统复位后才可重新输入密码。输入密码过程中,用户可按删除键删除前一位密码，重新输入新的一位密码。

任务分析

电子密码锁的输入设备用于实现密码的输入，包括0~9十个数字键和确认键、删除键等，由于所需按键较多，这里选用4×4矩阵键盘作为输入；单片机程序根据键盘中按下的不同按键，作出不同的处理，输出设备包括数码管显示、声光报警和开锁信号。

任务实施

一、电路设计

4×4矩阵键盘接在单片机的P1口，键盘布局如图5-2-1所示，用于密码的输入。

0	1	2	3
4	5	6	7
8	9	确认	删除
/	/	/	/

图 5-2-1　键盘布局

输出电路用于提示密码的输入信息、开锁信号以及声光报警信号，包括8位数码管、发光二极管和蜂鸣器等。数码管通过两个锁存器与单片机相接，绿色LED、红色LED、黄色LED分别接在P3.0、P3.1和P3.2引脚，P3.3引脚接继电器KA3的控制端，P3.4接蜂鸣器。当输入密码正确并按下确认键后，单片机发出开锁控制信号，开锁过程用继电器控制直流电动机来模拟，电路原理如图5-2-2所示。

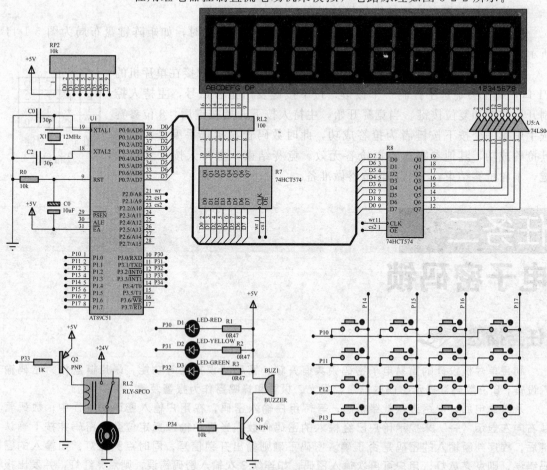

图 5-2-2　电子密码锁电路原理图

二、程序设计

电子密码锁的程序包括密码设定、键盘扫描、按键处理和驱动输出。密码设定在程序的初始化中设置，初始密码为六位。键盘扫描确定有无按键按下，当有按键按下时，判断按键的性质，如果为数字键0～9，则认为是输入的密码储存起来；如果为删除键，则删除前一位密码；如果为确认键且输入密码的位数为指定位数时，程序对输入的密码进行比较，如果密码正确，则输出开锁信号，同时点亮绿灯；如果密码不正确，则检测错误密码的次数，如果小于三次，则黄灯亮，用户可继续输入密码，如果错误密码的次数达到三次，则红灯亮，蜂鸣器工作，系统需复位后才能重新使用，其程序流程如图 5-2-3 所示。

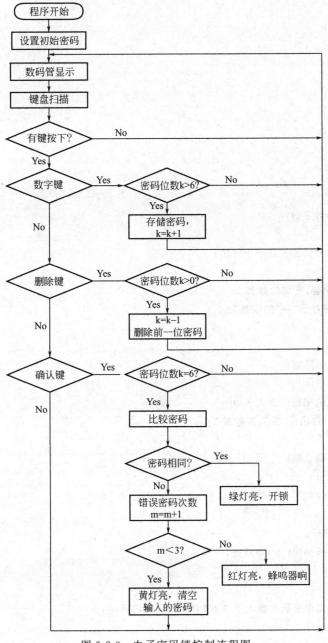

图 5-2-3　电子密码锁控制流程图

　　在编写程序时，要不断进行键盘扫描和数码管显示，因此，应使用 while（）循环语句，还应根据不同的按键执行不同的处理程序，这由多分支语句来实现，多分支语句这里选用 if 语句的嵌套来实现。另外，在不同的分支语句中，程序需根据不同的情况进行不同的处理，一般由 if/else 选择语句来实现。

　　根据流程图，可写出程序的组成和结构为：

```
包含头文件
端口声明
引脚声明
延时子程序
键盘扫描子程序
数码管显示子程序
void main()
  {
  设定密码;
  while(1)
    {
    数码管显示;
    键盘扫描;
    if(有键按下)
      {
      if(按键为数字键)
        {
        if(输入密码的位数小于6位)
          {
          存储密码,密码位数加1;
          数码管显示"一"的位数加1;
          }
        }
      if(按键为删除键)
        {
        if(输入的密码位数大于0)
        清空前一位密码,密码位数减1;
        }
      if(按键为确认键)
        {
        if(密码位数等于6位)
          {
          比较密码;
          if(密码相同)  {绿灯亮,开锁}
          else
            {
            if(错误密码次数大于3次){红灯亮,蜂鸣器响}
            else
              {
```

黄灯亮,错误密码次数加1,清空输入的六位密码和数码管的显示
```
                }
              }
            }
          }
        }
      }
    }
```

参考程序

```c
/* 电子密码锁控制程序 samp5-2.c* /
# include"reg52.h"
# defineout P0                              //端口声明
# define uchar unsigned char
# define uint unsigned int
sbit wr＝P2^0;                               //定义变量 wr 表示 P2.0引脚
sbit cs1＝P2^1;                              //定义变量 cs1 表示 P2.1引脚
sbit cs2＝P2^2;                              //定义变量 cs2 表示 P2.2引脚
sbit led_green＝P3^0;                        //定义变量 led_green 表示 P3.0引脚
sbitled_red＝P3^1;                           //定义变量 led_red 表示 P3.1引脚
sbit led_yellow＝P3^2;                       //定义变量 led_yellow 表示 P3.2引脚
sbit lock＝P3^3;                             //定义变量 lock 表示 P3.3引脚
sbit bee＝P3^4;                              //定义变量 bee 表示 P3.4引脚
uchar dispcode[6]={0xff,0xff,0xff,0xff,0xff,0xff};//存放要显示的数据,初始状态不显示
void delay(uint i)                          //延时子程序,改变 i 的值可改变延时时间,i 最大
                                              取值 65535
  {
  while(i--);
  }
uchar keyscan()                             //键盘扫描子程序,返回值为无符号字符型
  {
  unsigned char   i,j=1,temp,num;           //变量 j 取反后,提供键盘的扫描码
  for(i=0;i<4;i++)                          //循环四次,完成四行的扫描
    {
    P1=~j;                                  //P1 的高四位为高电平,低四位为行扫描码
    temp=P1;                                //读取 P1 口的状态,赋值给变量 temp
    temp=temp&0xf0;                         /* 保留 temp 中的高 4 位,低四位置零,即读取键
                                              盘四列的状态* /
    if(temp!＝0xf0)                          //如果高四位不全为 1,说明有键按下
      {
      delay(5000);                          //延时大约 10ms 消抖
      temp=P1;                              //重新读取 P1 口的状态
      temp=temp&0xf0;
      if(temp!＝0xf0)                        //如果高四位仍不全为 1,说明有按键按下
        {
```

```
        temp=P1;                        //读取按键的扫描码
        break;                          //如果检测到有按键按下,则跳出循环
        }
      }
    j=j<<1;                             //变量 j 左移一位,指向下一行
    }
  switch(temp)                          //键译码:根据扫描码,返回不同的键值
    {
    case 0xee:num=0;break;
    case 0xde:num=1;break;
    case 0xbe:num=2;break;
    case 0x7e:num=3;break;
    case 0xed:num=4;break;
    case 0xdd:num=5;break;
    case 0xbd:num=6;break;
    case 0x7d:num=7;break;
    case 0xeb:num=8;break;
    case 0xdb:num=9;break;
    case 0xbb:num=10;break;
    case 0x7b:num=11;break;
    case 0xe7:num=12;break;
    case 0xd7:num=13;break;
    case 0xb7:num=14;break;
    case 0x77:num=15;break;
    default:num=16;
    }
  while((temp&0xf0)!=0xf0)              //松手检测
    {temp=P1;}
  return num;                           //返回值为 num
  }
void display()                          //动态显示子程序
  {
  uchar t;
  uchar p=0x01;                         /* p 初始化,取反后作为位码输出,指向最右端的
                                          一只数码管*/
  for(t=0;t<6;t++)                      //循环 6 次
    {
    out=0xff;                           //关闭显示
    cs2=0;
    wr=0;
    wr=1;cs2=1;
    out=dispcode[t];                    //输出段码
    cs1=0;wr=0;
    wr=1;cs1=1;
    out=~p;                             //输出位码
```

```c
      cs2=0;wr=0;
      wr=1;cs2=1;
      delay(250);                          //延时 0.5ms
      p=p<<1;                              //指向下一只数码管
      }
  }
void main()
  {
  uchar keyvalue,k=0,m=0,p;              /* keyvalue 为键盘扫描程序的返回值,k 为的位
                                             数,m 为记录错误密码的次数,p 为循环次数 */
  uchar a,tt=0,input[6];                 //input[6]用来存放输入的密码
  uchar password[6]={1,2,3,4,5,6};      //设定初始密码
  bee=0;                                 //设置蜂鸣器初始状态时不响
  while(1)
    {
    display();                           //数码管显示程序
    keyvalue=keyscan();                  //键盘扫描程序的返回值赋值给变量 keyvalue
    if(keyvalue! =16)                    //有键按下
      {
      if((keyvalue<10)&&(k<6))          //数字键且输入密码位数小于 6 位
        {
        dispcode[k]=0xbf;                //相应密码位显示"—"
        input[k]=keyvalue;               //输入的密码存储到数组 input[]中
        k++;                             //密码位数加 1
        }
      if(keyvalue==11)                   //删除键
        {
        if(k>0)                          //如果密码位数大于 0
          {
          dispcode[k-1]=0xff;            //减少一位密码的显示
          k--;                           //密码位数减 1
          }
        }
      if((keyvalue==10)&&(k==6))        //确认键并且输入密码位数为 6 位
        {
        for(a=0;a<6;a++)                //比较输入的密码是否正确,如果正确,tt=6
          {
          if(input[a]==password[a])
          tt++;
          }
        if(tt==6)                        //密码正确
          {
          for(p=0;p<6;p++)
          dispcode[p]=0xff;              //数码管不再显示
          led_green=0;                   //绿灯亮
```

```
            lock=0;                          //开锁
            delay(50000);                    //延时大约 0.1s
            lock=1;
            k=0;                             //密码位数清零
            m=0;                             //错误密码位数清零
            break;                           //跳出循环
            }
          else                               //如果密码错误
          {
          m++;                               //错误密码次数加 1
          if(m>3)                            //输入错误密码的次数大于 3 次
            {
            led_red=0;                       //红灯亮
            bee=1;                           //蜂鸣器响
            break;                           //跳出循环
            }
          else                               //输入错误密码的次数小于 3 次
            {
            k=0;                             //密码位数清零
            led_yellow=0;                    //黄灯亮
            delay(50000);                    //延时大约 0.1s
            led_yellow=1;                    //黄灯灭
            for(p=0;p<6;p++)
              {
              dispcode[p]=0xff;              //数码管不显示
              input[p]=0;
              }
            }
          }
        }
      }
    }
  }
```

三、模块接线图

本任务要使用 YL-236 实训装置中的主机模块 MCU01、电源模块 MCU02、显示模块 MCU04、继电器模块 MCU05、电动机模块 MCU08，根据电路原理图将各模块进行连接，模块接线如图 5-2-4 所示。

四、实物接线图

电子密码锁实物接线如图 5-2-5 所示。

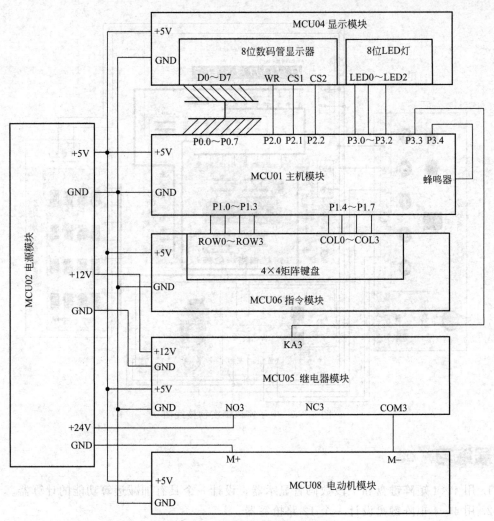

图 5-2-4　电子密码锁模块接线图

任务考核评价

电子密码锁任务考核评价见表 5-2-1。

表 5-2-1　任务考核评价

评价内容		分值	评分标准	得分
连线图及工艺	模块选择	10	选择错误一处扣 3 分	
	导线连接	15	导线连接错误，每处扣 3 分 导线连接不规范，每处扣 2 分 电源线和信号线不区分扣 2 分	
	模块布局	5	要整齐、美观、规范	
	模块连线图	10	规范、整齐。错误一处扣 2 分	
软件编写	程序编写	5	规范、合理，错误一处扣 2 分	
	程序下载	5	不能下载到芯片内扣 5 分	
	功能调试	40	功能不全，缺一处扣 10 分	
安全文明操作	遵守安全文明操作规程	10	违反安全操作规程，酌情扣 3～10 分	

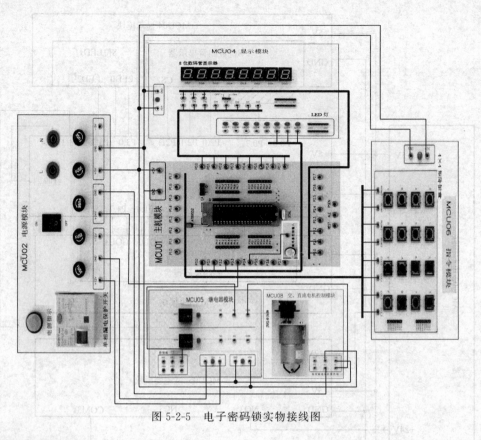

图 5-2-5　电子密码锁实物接线图

拓展练习

1. 用 4×4 矩阵键盘和 7 段数码管显示器，设计一个具有加减运算功能的计算器。

2. 用 4×4 矩阵键盘设计一个 12 路抢答器。

项目六
电子显示屏的制作

🖋 知识目标

① 理解 LED 点阵显示器的电路图；

② 掌握 LED 点阵显示的原理与程序控制；

③ 掌握点阵液晶模块 128×64 实现汉字显示和移动的方法。

🖋 技能目标

① 会正确绘制功能模块接线图，并进行线路连接；

② 会编写点阵显示控制程序；

③ 会编写液晶显示控制程序。

🖋 项目概述

在宾馆、商场、影剧院、医院、银行、车站、码头、机场等场所，经常需要显示屏进行广告宣传或信息发布，而前面学习的 LED 数码管只能显示数字和简单的字符，无法显示汉字、符号和复杂的图形。本项目分三个任务学习常用显示屏：LED 点阵、128×64 点阵液晶的使用方法。其中，LED 点阵显示屏可显示数字、汉字、图形图像，具有亮度高、功耗小、寿命长等特点；128×64 点阵液晶主要用于汉字和图形的显示。

任务一 ▷▷▷
LED 点阵实现汉字的显示

任务描述 ✍

LED 点阵电子显示屏制作简单，安装方便，广泛应用于各种公共场合，本任务是在 32×16 点阵显示屏上静态显示"欢迎"两个字。

任务分析

LED 点阵是将很多单个的 LED 按矩阵的方式排列在一起,通过控制每个 LED 的亮灭,完成各种字符和图形的显示。由于 LED 点阵中行和列是共用的,因此,显示控制采用类似于数码管动态显示的方式实现。

知识准备

一、LED 点阵

常见的 LED 点阵显示模块有 5×7、7×9、8×8 结构,前两种主要用于显示各种西文字符,后一种可多模块组合用于显示汉字和图形,并且可组建大型电子显示屏。图 6-1-1 为一块 8×8 LED 点阵实物图,图 6-1-2 为多块 LED 点阵组成的电子显示屏。

图 6-1-1 8×8 LED 点阵实物图

图 6-1-2 多块 LED 点阵组成的电子显示屏

一块 8×8 LED 点阵有 64 个发光二极管组成,每个发光二极管放置在行线和列线的交叉点上,其原理如图 6-1-3 所示。

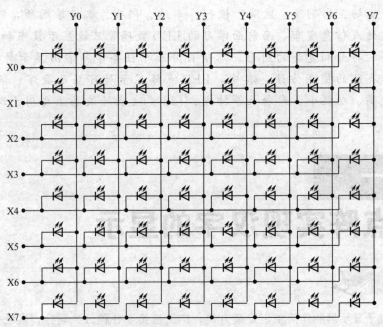

图 6-1-3 8×8 LED 点阵原理图

要点亮一只发光二极管，应使与其相连的行 X 置 0，与其相连的列 Y 置 1。要点亮一行发光二极管，应使对应的行置 0，而列采用动态扫描的方式依次输出 1；若要点亮某一列发光二极管，应使对应的列置 1，而行采用动态扫描的方式依次输出 0。

二、LED 点阵的控制电路

常见汉字一般采用 16×16 点阵，在用 LED 点阵显示汉字时，需要 4 块 8×8LED 点阵组成 16×16 点阵才能显示一个汉字。YL-236 实训装置的显示模块中提供的 32×16 点阵是由 8 块 8×8 LED 点阵组成的，可显示两个汉字。由于 32×16 点阵共有 512 个 LED，而 AT89S52 只有 32 个 I/O 口，无法直接进行控制。这种情况下，单片机可通过锁存器分时传输数据来控制 LED 的亮灭。32×16 点阵模块由 8 个 8×8 点阵、6 个 74AC573 锁存器和两个 ULN2803 驱动芯片组成，电路原理如图 6-1-4 所示。其中，ROW0 和 ROW1 与行线上锁存器的锁存使能端 LE 相连，COL0、COL1、COL2 和 COL3 与列线上锁存器的锁存使能端 LE 相连，当有下降沿脉冲产生时，数据被锁存。

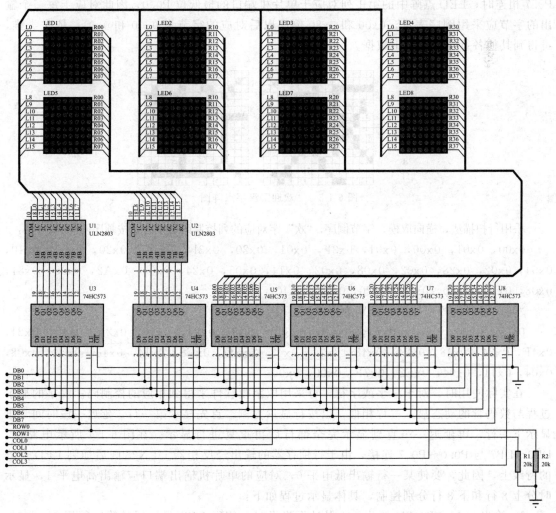

图 6-1-4　32×16 点阵控制电路原理图

三、LED 点阵的显示控制

由于 LED 点阵中行和列是共用的，要显示某一图形或汉字，只能采用动态扫描的方式实现。根据人的视觉暂留效应，只要每秒扫描 LED 屏在 50 次以上，人眼是感觉不到闪烁的。另外，LED 具有一定的响应时间和余辉效应，如果给它的电平持续时间很短，例如 $1\mu s$ 将不能充分点亮，一般要求电平持续时间是 1ms。当 LED 点亮后撤掉电平，它不会立即熄灭。这样只要 LED 满足一定的数据刷新率，所有的 LED 看起来就是同时亮的。

动态扫描分为行扫描和列扫描，两种方式的区别在于选通端和数据输入端分别是行还是列。这里介绍行扫描法。"欢迎"二字在 LED 点阵中的点阵图如图 6-1-5 所示。当某一行输出低电平 0，该行中需要发光的点对应的列应输出 1，不发光的点对应的列输出 0，这样对于选通的某一行，就可以用两个字节（16 位）来表示 16 列的输出信息，一个汉字就需要 32 个字节来表示。例如，对于"欢"字，第一行置 0 时，对应各列应输出 0000 0000 1000 0000，即十六进制数 0x00 和 0x80。在图 6-1-4 中，当 DB0~DB7 分别与单片机的 P0.0~P0.7 相连时，LED 点阵中的第 1 列对应于单片机端口的最低位 P0.0，因此对应于每一个输出的字节应采用倒序表示，0x00 和 0x80 倒序以后对应的字节为 0x00 和 0x01。依次类推，可得到其他各行对应的输出数据。

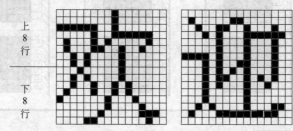

上 8 行

下 8 行

图 6-1-5　"欢迎"汉字点阵图

采用行扫描法，横向取模，字节倒序，"欢"字对应的列控制码分别为（按顺序两个为一行）：

0x00，0x01，0x00，0x01，0x3F，0x01，0x20，0x3F，0xA0，0x20，0x92，0x10，0x54，0x02，0x28，0x02，0x08，0x02，0x14，0x05，0x24，0x05，0xA2，0x08，0x81，0x08，0x40，0x10，0x20，0x20，0x10，0x40。

"迎"字对应的列控制码分别为：

0x00，0x00，0x04，0x01，0xC8，0x3C，0x48，0x24，0x40，0x24，0x40，0x24，0x4F，0x24，0x48，0x24，0x48，0x24，0x48，0x2D，0xC8，0x14，0x48，0x04，0x08，0x04，0x14，0x04，0xE2，0x7F，0x00，0x00。

在实际使用时，对于汉字或字符，可采用取字模软件来得到相应的控制码。汉字的显示过程与数码管的动态显示过程相似，以按行显示为例，首先显示第一行，延迟一段时间，再显示下一行，再延迟……直到显示完全部行后再重复进行显示。在图 6-1-4 所示电路中，DB0~DB7 与 P0.0~P0.7 连接，由于行锁存器的输出经反相器 ULN2803 后加到 LED 点阵的行线上，因此，要使某一行输出低电平 0，对应的单片机输出端口应输出高电平 1，显示时分上 8 行和下 8 行分别控制，具体显示过程如下：

P0 输出 0x01，ROW0 输出一个脉冲下降沿时，使得 LED 显示屏的第一行置 0；此时，通过列锁存器输出第一行对应的四组数据，即 0x00、0x01、0x00 和 0x00，延迟一段时间，完成第一行的显示。

P0 输出 0x02，ROW0 输出一个脉冲下降沿时，使得 LED 显示屏的第二行置 0；此时，通过列锁存器输出第二行对应的四组数据，即 0x00、0x01、0x04 和 0x01，延迟一段时间，完成第二行的显示。

……

完成 16 行的显示后，"欢迎"二字就显示了一遍，接着再重复上述显示过程。编写程序时，将"欢"、"迎"二字的控制码分别放在两个数组内，按规律输出。

任务实施

一、电路设计

32×16 LED 点阵的控制电路如图 6-1-4 所示，其中，DB0～DB7 接单片机的 P0.0～P0.7，两个行锁存器的锁存使能端 ROW1 和 ROW2 分别接 P2.0 和 P2.1，四个列锁存器的锁存使能端 COL0、COL1、COL2 和 COL3 分别接 P2.2、P2.3、P2.4 和 P2.5。

二、程序设计

根据 LED 点阵的显示控制方法，在 LED 点阵中显示汉字时，可采用行扫描法或列扫描法，这里选用行扫描法，其程序流程如图 6-1-6 所示。

由于要不断重复显示，因此使用 while () 循环语句，在进行显示时，从第一行到第十六行顺序显示，由于前 8 行和后 8 行分别由两个不同的锁存器控制行线的状态，因此扫描 16 行分为两个循环来实现。程序的组成和结构如下：

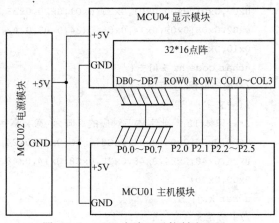

图 6-1-6　LED 点阵显示控制流程图

包含头文件
定义汉字点阵
引脚声明
延时子程序
显示子程序
void main()
　{
　while(1)
　显示子程序;
　}

其中的核心部分显示子程序结构为：

```
for(i=0;i<8;i++)          //显示汉字的上半屏,即前8行
  {
  选通第i行;              //通过ROW0控制
  顺序输出第i行对应的列控制码;
  }
for(i=8;i<15;i++)         //显示汉字的下半屏,即后8行
```

```
        {
        选通第 i 行;                    //通过 ROW1 控制
        顺序输出第 i 行对应的列控制码;
        }
     延时;
     关闭显示;
```

参考程序

```
/* 用 LED 点阵显示汉字"欢迎"的控制程序 samp6-1.c  * /
# include"reg52.h"
# define uchar unsigned char
uchar code hz_1[]={
/* 横向取模,字节倒序* /
/* --文字:  欢  --* /
/* --宋体 12;  此字体下对应的点阵为:宽 x 高=16x16  --* /
0x00,0x01,0x00,0x01,0x3F,0x01,0x20,0x3F,0xA0,0x20,0x92,0x10,0x54,0x02,0x28,
0x02,0x08,0x02,0x14,0x05,0x24,0x05,0xA2,0x08,0x81,0x08,0x40,0x10,0x20,0x20,
0x10,0x40}
uchar code hz_2[]={
/* 横向取模,字节倒序* /
/* --文字:  迎  --* /
/* --宋体 12;  此字体下对应的点阵为:宽 x 高=16x16  --* /
0x00,0x00,0x04,0x01,0xC8,0x3C,0x48,0x24,0x40,0x24,0x40,0x24,0x4F,0x24,0x48,
0x24,0x48,0x24,0x48,0x2D,0xC8,0x14,0x48,0x04,0x08,0x04,0x14,0x04,0xE2,0x7F,
0x00,0x00}
uchar k,j;
//引脚定义
sbit row0=P2^0;
sbit row1=P2^1;
sbit col0=P2^2;
sbit col1=P2^3;
sbit col2=P2^4;
sbit col3=P2^5;
void delay()
   {
   uchar i;
   for(i=100;i>0;i--);
   }
void display()                  //显示子程序
   {
   uchar i,m;
   P0=0x00;                     //关闭汉字的上、下半部分显示
   row0=1;row1=1;
   row0=0;row1=0;
   /* 显示汉字的上半部分* /
```

```
      k=0x01;                        //初始化,显示汉字上半部分的第一行
      for(i=0;i<8;i++)
        {
        m=i<<1;                       //计算汉字点阵第 i 行的数据在汉字数组中的位置
        P0=hz_1[m];                   //显示第一个汉字的左半部分
        col0=1;col0=0;
        P0=hz_1[m+1];                 //显示第一个汉字的右半部分
        col1=1;col1=0;
        P0=hz_2[m];                   //显示第二个汉字的左半部分
        col2=1;col2=0;
        P0=hz_2[m+1];                 //显示第二个汉字的右半部分
        col3=1;col3=0;
        P0=k;                         //指向要显示汉字的行
        row0=1;row0=0;                //锁存数据
        delay();                      //延迟一段时间,使指定的行显示
        k=k<<1;                       //指向要显示的下一行
        P0=0x00;                      //关闭汉字的上、下半部分显示
        row0=1;row1=1;
        row0=0;row1=0;
        }
    /* 显示汉字的下半部分* /
    j=0x01;                           //初始化,显示汉字下半部分的第一行
      for(i=8;i<16;i++)
        {
        m=i<<1;                       //计算汉字点阵第 i 行的数据在汉字数组中的位置
        P0=hz_1[m];                   //显示第一个汉字的左半部分
        col0=1;col0=0;
        P0=hz_1[m+1];                 //显示第一个汉字的右半部分
        col1=1;col1=0;
        P0=hz_2[m];                   //显示第二个汉字的左半部分
        col2=1;col2=0;
        P0=hz_2[m+1];                 //显示第二个汉字的右半部分
        col3=1;col3=0;
        P0=j;                         //指向要显示汉字的行
        row1=1;row1=0;                //锁存数据
        delay();                      //延迟一段时间,使指定的行显示
        j=j<<1;                       //指向要显示的下一行
        P0=0x00;                      //关闭显示
        row0=1;row1=1;
        row0=0;row1=0;
        }
    }
void main()
  {
    P0=0x00;                          //关闭前、后 8 行的显示
```

```
row0=1;row1=1;
row0=0;row1=0;
while(1)
  {
  display();                    //调用显示子程序
  }
}
```

三、模块接线图

要实现汉字显示，需要使用 YL-236 实训装置中的主机模块 MCU01、电源模块 MCU02 和显示模块 MCU04，根据电路原理图将各模块进行连接，模块接线如图 6-1-7 所示。

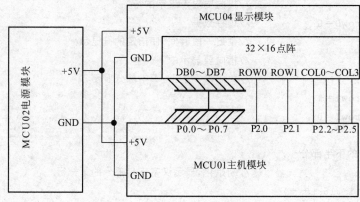

图 6-1-7　LED 点阵汉字显示模块接线图

四、实物接线图

在 YL-236 实训装置中，实现汉字显示的各模块实物接线图如图 6-1-8 所示。

任务考核评价

汉字显示的任务考核评价见表 6-1-1。

表 6-1-1　任务考核评价

评价内容		分值	评分标准	得分
连线图及工艺	模块选择	10	选择错误一处扣 3 分	
	导线连接	15	导线连接错误，每处扣 3 分 导线连接不规范，每处扣 2 分 电源线和信号线不区分扣 2 分	
	模块布局	5	要整齐、美观、规范	
	模块连线图	10	规范、整齐。错误一处扣 2 分	
软件编写	程序编写	5	规范、合理，错误一处扣 2 分	
	程序下载	5	不能下载到芯片内扣 5 分	
	功能调试	40	功能不全，缺一处扣 10 分	
安全文明操作	遵守安全文明操作规程	10	违反安全操作规程，酌情扣 3~10 分	

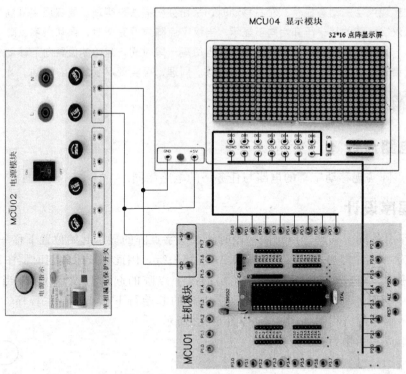

图 6-1-8　汉字显示实物接线图

拓展练习

1. 修改程序 samp6-1.c，显示汉字"你好"。
2. 修改程序 samp6-1.c，按列输出显示汉字"欢迎"。
3. 在 LED 点阵上闪烁显示"欢迎"，亮 0.5s，灭 0.5s。
4. 在一块 8×8LED 点阵上循环显示 0～9。
5. 在 8 块 8×8LED 点阵上依次显示 0～7 八个数字。

任务二 ▷▷▷

LED 移动字幕的实现

任务描述

　　LED 移动字幕经常用在商场、银行、学校等场地，用来循环播放一些店铺优惠、推广信息等，具有动感性强、吸引人的注意力等特点。字幕可以是上下移动，也可以是左右移动。本任务在 32×16 点阵上实现向上移动"欢迎光临"。

任务分析

　　移动字幕是将被显示的点阵随时间在显示的位置上不断发生变化而实现的。字幕上下移动时，应采用行扫描法实现汉字的动态显示；左右移动时，采用列扫描法来实现。要实现字幕向上移动，在程序设计时，从汉字点阵的某一行开始向下显示，当汉字点阵显示完毕时，再从汉字点阵上一次显示的起始位置下边一行作为新的起始位置开始显示。当每隔一段时间，起始的位置向下移动一行，那么体现出来的效果就是汉字上移；反之，就是汉字下移。同理，可实现汉字的左右移动。

任务实施

一、电路设计

32×16 点阵实现移动字幕的电路与任务一的电路相同。

二、程序设计

要实现字幕的向上移动，应每隔一段时间，汉字点阵的显示起始位置下移一行，这里选定间隔时间为 0.1s，即显示的汉字每隔 0.1s 上移一行，因此需要采用定时器中断。

编写程序时，可以在主程序中将要显示的汉字点阵的起始行设定为 0，当定时时间为 0.1s 时，在中断服务程序中将要显示的汉字点阵的起始行下移 1 行，主程序、显示子程序及中断服务子程序的流程图如图 6-2-1～图 6-2-3 所示。

程序的组成和结构为：

包含头文件
端口和引脚定义
延时子程序
显示子程序
void main()
 {
  关闭显示；
  初始化定时器；
  汉字点阵的初始行设为 0；
  启动定时器；
  while(1)
  显示子程序；
 }
中断服务子程序

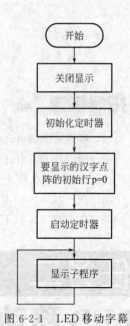

图 6-2-1　LED 移动字幕的实现主程序

参考程序

```
/* 在 32×16 点阵上实现向上移动"欢迎光临"的控制程序 samp6-2.c  */
# include"reg52.h"
# define uchar unsigned char
uchar timecount,p;
//定义端口和引脚
# define out P0
sbit row0＝P2^0;
sbit row1＝P2^1;
sbit col0＝P2^2;
sbit col1＝P2^3;
```

```
sbit col2=P2^4;
sbit col3=P2^5;
void delay()
{
  uchar i;
  for(i=100;i>0;i--);
}
void display()
  {
  uchar k,j;
  uchar i,m;
  uchar code hz_1[]={
/* 横向取模,字节倒序*/
/* --文字:  欢  --*/
/* --宋体 12;  此字体下对应的点阵为:宽×高=16×16  --*/0x00,0x01,0x00,0x01,0x3F,0x01,
0x20,0x3F,0xA0,0x20,0x92,0x10,0x54,0x02,0x28,
  0x02,0x08,0x02,0x14,0x05,0x24,0x05,0xA2,0x08,0x81,0x08,0x40,0x10,0x20,0x20,
  0x10,0x40,
/* 横向取模,字节倒序*/
/* --文字:  光  --*/
/* --宋体 12;  此字体下对应的点阵为:宽×高=16×16  --*/
  0x80,0x00,0x84,0x10,0x88,0x10,0x90,0x08,0x90,0x04,0x80,0x00,0xFF,0x7F,0x20,0x02,
0x20,0x02,0x20,0x02,0x20,0x02,0x10,0x42,0x10,0x42,0x08,0x42,0x04,0x7C,0x03,0x00};
  uchar code hz_2[]={
/* 横向取模,字节倒序*/
/* --文字:  迎  --*/
/* --宋体 12;  此字体下对应的点阵为:宽×高=16×16  --*/
  0x00,0x00,0x04,0x01,0xC8,0x3C,0x48,0x24,0x40,0x24,0x40,0x24,0x4F,0x24,0x48,
  0x24,0x48,0x24,0x48,0x2D,0xC8,0x14,0x48,0x04,0x08,0x04,0x14,0x04,0xE2,0x7F,
  0x00,0x00,
/* 横向取模,字节倒序*/
/* --文字:  临  --*/
/* --宋体 12;  此字体下对应的点阵为:宽×高=16×16  --*/
  0x10,0x01,0x10,0x01,0x10,0x01,0x92,0x7F,0x92,0x02,0x52,0x04,0x32,0x04,0x12,0x00,
  0x92,0x3F,0x92,0x24,0x92,0x24,0x92,0x24,0x92,0x24,0x90,0x3F,0x90,0x20,0x10,0x00,
  };
/*   32×16点阵上半屏汉字的显示   */
  k=0x01;                        //指向上半屏的第一行
  m=p<<1;                        //计算汉字点阵第p行的数据在汉字数组中的位置
  for(i=0;i<8;i++)
    {
    out=hz_1[m%64];              //显示第一个汉字的左半部分
    col0=1;col0=0;
    out=hz_1[(m+1)%64];          //显示第一个汉字的右半部分
    col1=1;col1=0;
```

```
    out=hz_2[m%64];              //显示第二个汉字的左半部分
    col2=1;col2=0;
    out=hz_2[(m+1)%64];          //显示第二个汉字的右半部分
    col3=1;col3=0;
    out=k;                       //指向要显示汉字的行
    row0=1;row0=0;               //锁存数据
    delay();                     //延迟一段时间,使指定的行显示
    k=k<<1;                      //指向要显示的下一行
    m=m+2;                       //指向汉字点阵的下一位置
    out=0x00;                    //关闭显示
    row0=1;row0=0;
    out=0x00;
    row1=1;row1=0;
    }
/*    32×16点阵下半屏汉字的显示   */
    j=0x01;                      //指向下半屏的第一行
    for(i=0;i<8;i++)
    {
    out=hz_1[m%64];              //显示第一个汉字的左半部分
    col0=1;col0=0;
    out=hz_1[(m+1)%64];          //显示第一个汉字的右半部分
    col1=1;col1=0;
    out=hz_2[m%64];              //显示第二个汉字的左半部分
    col2=1;col2=0;
    out=hz_2[(m+1)%64];          //显示第二个汉字的右半部分
    col3=1;col3=0;
    out=j;                       //选中要显示的行
    row1=1;row1=0;
    delay();                     //延迟一段时间,使指定的行显示
    j=j<<1;                      //指向要显示的下一行
    m=m+2;                       //指向汉字点阵的下一位置
    out=0x00;                    //关闭显示
    row0=1;row0=0;
    out=0x00;
    row1=1;row1=0;
    }
  }
  void main()
  {
  out=0x00;                      //关闭显示
  row0=1;row0=0;
  out=0x00;                      //关闭显示
  row1=1;row1=0;
  /* 初始化定时器*/
  TMOD=0x01;
```

```
TH0=(65536-10000)/256;
TL0=(65536-10000)%256;
ET0=1;
EA=1;                    //以上设置为将定时器0初始化为10ms中断
timecount=0;             //软件计数初始值为0
p=0;                     //初始显示为第一行
TR0=1;                   //定时器0开始工作
while(1)
 {
 display();              //循环调用显示函数
 }
}
void time0(void)interrupt 1
 {
TH0=(65536-10000)/256;
TL0=(65536-10000)%256;
timecount++;
if(timecount==10)        //判断是否到0.1s
 {
 timecount++;            //时间到,将软件计数单元清0
 p++;                    //改变p的变化,可改变汉字的移动
 if(p>31)p=0;
 }
}
```

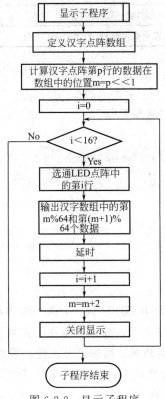

图 6-2-2　显示子程序

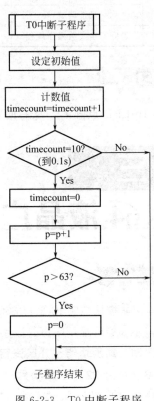

图 6-2-3　T0 中断子程序

三、模块接线图

要实现 LED 移动字幕，需要使用 YL-236 实训装置中的主机模块 MCU01、电源模块 MCU02 和显示模块 MCU04，根据电路原理图将各模块进行连接，模块接线如图 6-1-7 所示。

四、实物接线图

在 YL-236 实训装置中，各模块之间的实物接线如图 6-1-8 所示。

任务考核评价

实现 LED 移动字幕的任务考核评价见表 6-2-1。

表 6-2-1 任务考核评价

评价内容		分值	评分标准	得分
连线图及工艺	模块选择	10	选择错误一处扣 3 分	
	导线连接	15	导线连接错误，每处扣 3 分 导线连接不规范，每处扣 2 分 电源线和信号线不区分扣 2 分	
	模块布局	5	要整齐、美观、规范	
	模块连线图	10	规范、整齐。错误一处扣 2 分	
软件编写	程序编写	5	规范、合理，错误一处扣 2 分	
	程序下载	5	不能下载到芯片内扣 5 分	
	功能调试	40	功能不全，缺一处扣 10 分	
安全文明操作	遵守安全文明操作规程	10	违反安全操作规程，酌情扣 3~10 分	

拓展练习

在 32×16 LED 点阵上，从右向左循环移动显示"欢迎光临"。

任务三

128×64 液晶广告屏

任务描述

TG12864 液晶模块控制 IC 采用 S6B0108，驱动 IC 采用 S6B0107 设计，是一款内部没有字库的显示模块，不仅能够显示字符、数字，还可以显示各种图形、曲线及汉字，并且可以实现屏幕上下左右滚动、动画功能、分区开窗口、反转、闪烁等功能，用途十分广泛。可以显示 16×16 汉字 4 行 8 列共计 32 个。本项目的任务就是利用单片机对 TG12864B 液晶显示模块控制，显示汉字"你好！欢迎光临！"、"工号：150601"和实时日期"2015 年××月××日"，且用 3 只按键可以修改工号、年份的后 2 位和月份及日期。

任务分析

要想在 TG12864B 液晶显示模块上显示汉字、数字，首先要清楚 TG12864B 液晶显示模块的构成及工作原理，掌握字符显示方法。其次还需要清楚实时时间变化的计算及显示。

知识准备

亚龙 YL-236 显示模块的液晶 12864 显示部分如图 6-3-1 所示，其内部电路连接如图 6-3-2 所示。

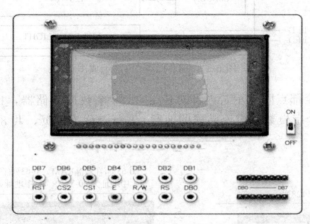

图 6-3-1　亚龙 YL-236 液晶 12864 显示面板图

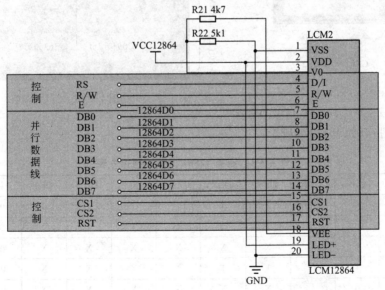

图 6-3-2　亚龙 YL-236 液晶 12864 模块电路连接图

TG12864 分为两种：带字库和不带字库的，亚龙 YL-236 采用不带字库的 TG12864，其液晶驱动器为 S6B0107，控制采用 S6B0108，此块液晶中含有两个液晶驱动器，一块驱动器控制 64×64 个点，有左右两部分显示，分别有 CS1 和 CS2 选择，内部组成如图 6-3-3 所示。

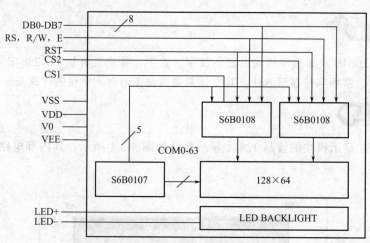

图 6-3-3　TG12864 内部组成图

TG12864 采用全部点阵显示，内部对应 8×128 个数据存储器，1 列的 8 个点组成 1 个字模数据，即 1 个字模数对应液晶屏的 8 行，8 行点称为 1 页，共 8 页，其显示布局如图 6-3-4 所示。

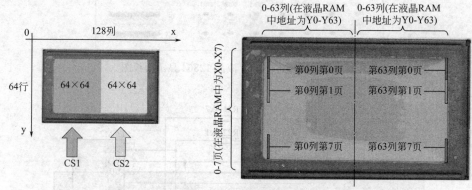

图 6-3-4　液晶 12864 显示布局图

主要控制指令如表 6-3-1 所示。

表 6-3-1　液晶 12864 主要控制指令表

R/W	RS	DB7	DB6	DB5	DB4	DB3	DB2	DB1	DB0	数据	功能
0	0	0	0	1	1	1	1	1	0	0x3e	关闭显示
0	0	0	0	1	1	1	1	1	1	0x3f	打开显示
0	0	1	1	X	X	X	X	X	X	0xc0	行初始值
0	0	1	0	1	X	X	X	X	X	0xb8	页初值
0	0	0	1	X	X	X	X	X	X	0x40	列初值
0	1	x	x	x	x	x	x	x	x	数据	写入数据
1	0	BUSY	0	ON/OFF	RST	0	0	0	0	—	见注释

注释：1. BUSY：为 1 内部忙，不能对液晶进行操作。0——工作正常；
2. ON/OFF：1——显示关闭；0——显示打开；
3. RST：1——复位状态；0——正常；
4. TG12864 液晶在 Busy=1 和 RESET=1 状态时，除读状态指令外，其他任何指令均不会对驱动器产生作用。

任务实施

一、电路设计

广告屏仿真电路有单片机最小系统、排阻、数字芯片 74LS04 和 LCD12864 等组成，电路原理如图 6-3-5 所示。

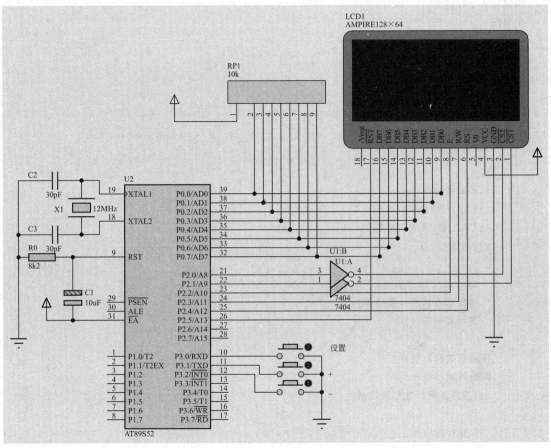

图 6-3-5　LCD12864 液晶电路原理图

二、程序设计

程序流程如图 6-3-6 所示。

根据流程图，可写出程序的组成和结构如下：

头文件语句；

无符号 8、16 位数声名；

端口声名；

液晶显示起始页、列、行声名；

液晶屏控制线定义；

按键连接线定义；

定义标志位、8 位、16 位变量及数组变量；

显示字库；

延时子程序；

判忙子程序；

写一个字节子程序；

液晶初始化及清屏子程序；

向液晶写一行字子程序；

向液晶写一屏字子程序；

按键输入子程序

主程序

```
  {
  清屏；
  主屏幕显示
  while(1)
    {
    按键扫描；
    if(数据修改)
      {
      移屏变量清零；
      if(加 1 键)修改位数据＋1；
      if(减 1 键)修改位数据位－1；
      if(有键按下)
        {
        12 个显示缓存刷新；
        推出修改状态计数清零；
        显示屏刷新；
        }
      按键有效标志清零；
      闪烁间隔计数＋1；
      if(闪烁间隔计数到设定值)
        {
        闪烁标志取反；
        闪烁间隔计数清零；
        12 个显示缓存刷新；
        if(闪烁标志为 1)闪烁位灭
        屏幕刷新；
        }
      退出修改状态计数；
      if(退出修改状态计数到设定值)
        {
        12 个显示缓存刷新；
        设定标志清零；
        退出修改状态计数清零；
        屏幕刷新；
        }
      }
```

```
if(滚屏模式)
    {
    选中左、右 2 屏;
    屏幕为显示状态;
    行偏移输出;
    延时;
    指向下一偏移行;
    }
    }
    }
```

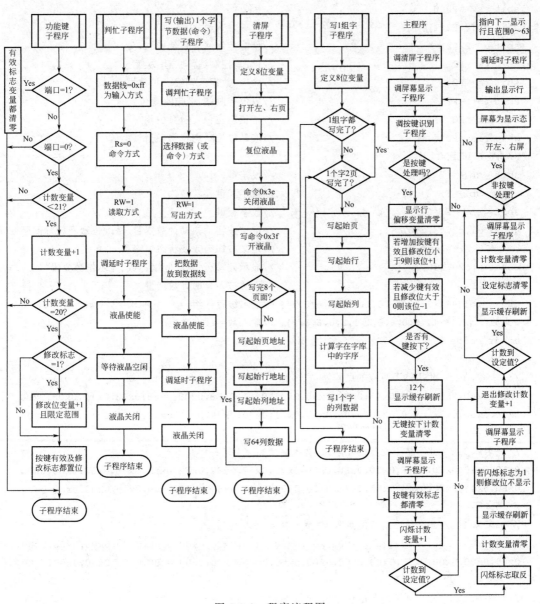

图 6-3-6　程序流程图

参考程序

```c
/* 液晶广告屏控制程序 samp6-3.c  */
# include<reg52.h>
# define uchar unsigned char
# define uint  unsigned int
# define out P0                        //数据线
# define x0 0xb8                       //显示页起始地址
# define y0 0x40                       //显示列起始地址
# define z0 0xc0                       //显示偏移量起始数
//lcd控制线定义
sbit cs2=P2^0;
sbit cs1=P2^1;
sbit e=P2^2;                           //使能控制线。1:使能、0:关
sbit rw=P2^3;                          //读、写控制线。1:读;0:写
sbit rs=P2^4;                          //命令、数据区别线。1:数据、0:指令
sbit rst=P2^5;                         //复位控制线;低电平复位
sbit bf=P0^7;                          //忙状态位;1:正忙、0:闲
sbit res=P0^4;                         //液晶复位状态位:1:正忙、0:闲
//调整按钮定义
sbit  sb1=P3^0;                        //设定键
sbit  sb2=P3^1;                        //数字加键
sbit  sb3=P3^2;                        //数字减键
uchar c1,c2,c3,c10,c11;                //定义按钮消抖动计数变量、修改位数及闪烁间隔变量
bit x1,x2,x3,set,se;                   //定义按钮有效及状态位变量
uchar z,c20,c30;                       //显示偏移行、移屏间隔计数、显示位数变量
uint c21;                              //无键按下延时计数变量
uchar  d1[]={1,5,0,6,0,1,1,5,0,6,2,3}; //显示缓存数组
uchar  d2[]={1,5,0,6,0,1,1,5,0,6,2,3}; //输入数字缓存数组
uchar  code hz[]={                     //
/* --文字:  你  --*/
/* --宋体12;  此字体下对应的点阵为:宽×高=16×16  --*/
0x80,0x40,0xF0,0x2C,0x43,0x20,0x98,0x0F,0x0A,0xE8,0x08,0x88,0x28,0x1C,0x08,0x00,
0x00,0x00,0x7F,0x00,0x10,0x0C,0x03,0x21,0x40,0x3F,0x00,0x00,0x03,0x1C,0x08,0x00,
/* --文字:  好  --*/
/* --宋体12;  此字体下对应的点阵为:宽×高=16×16  --*/
0x10,0x10,0xF0,0x1F,0x10,0xF0,0x80,0x82,0x82,0x82,0xF2,0x8A,0x86,0x82,0x80,0x00,
0x80,0x43,0x22,0x14,0x0C,0x73,0x20,0x00,0x40,0x80,0x7F,0x00,0x00,0x00,0x00,0x00,
/* --文字:  !  --*/
/* --宋体12;  此字体下对应的点阵为:宽×高=16×16  --*/
0x00,0x00,0x00,0xF0,0x00,0x00,0x00,0x00,0x00,0x00,0x00,0x00,0x00,0x00,0x00,0x00,
0x00,0x00,0x00,0x5F,0x00,0x00,0x00,0x00,0x00,0x00,0x00,0x00,0x00,0x00,0x00,0x00,
/* --文字:  欢  --*/
/* --宋体12;  此字体下对应的点阵为:宽×高=16×16  --*/
0x14,0x24,0x44,0x84,0x64,0x1C,0x20,0x18,0x0F,0xE8,0x08,0x08,0x28,0x18,0x08,0x00,
0x20,0x10,0x4C,0x43,0x43,0x2C,0x20,0x10,0x0C,0x03,0x06,0x18,0x30,0x60,0x20,0x00,
```

```
/* --文字：  迎  --* /
/* --宋体 12；  此字体下对应的点阵为:宽×高＝16×16  --* /
0x40,0x41,0xCE,0x04,0x00,0xFC,0x04,0x02,0x02,0xFC,0x04,0x04,0x04,0xFC,0x00,0x00,
0x40,0x20,0x1F,0x20,0x40,0x47,0x42,0x41,0x40,0x5F,0x40,0x42,0x44,0x43,0x40,0x00,
/* --文字：  光  --* /
/* --宋体 12；  此字体下对应的点阵为:宽×高＝16×16  --* /
0x00,0x40,0x42,0x44,0x5C,0xC8,0x40,0x7F,0x40,0xC0,0x50,0x4E,0x44,0x60,0x40,0x00,
0x00,0x80,0x40,0x20,0x18,0x07,0x00,0x00,0x00,0x3F,0x40,0x40,0x40,0x40,0x78,0x00,
/* --文字：  临  --* /
/* --宋体 12；  此字体下对应的点阵为:宽×高＝16×16  --* /
0x00,0xF8,0x00,0x00,0xFE,0x40,0x30,0x8F,0x0A,0x08,0x18,0x68,0x08,0x88,0x08,0x00,
0x00,0x1F,0x00,0x00,0x7F,0x00,0x00,0x7F,0x21,0x21,0x3F,0x21,0x21,0x7F,0x01,0x00,
/* --文字：  ！  --* /
/* --宋体 12；  此字体下对应的点阵为:宽×高＝16×16  --* /
0x00,0x00,0x00,0xF0,0x00,0x00,0x00,0x00,0x00,0x00,0x00,0x00,0x00,0x00,0x00,0x00,
0x00,0x00,0x00,0x5F,0x00,0x00,0x00,0x00,0x00,0x00,0x00,0x00,0x00,0x00,0x00,0x00,
/* --文字：  工  --* /
/* --宋体 12；  此字体下对应的点阵为:宽×高＝16×16  --* /
0x00,0x00,0x02,0x02,0x02,0x02,0x02,0xFE,0x02,0x02,0x02,0x02,0x02,0x02,0x00,0x00,
0x20,0x20,0x20,0x20,0x20,0x20,0x20,0x3F,0x20,0x20,0x20,0x20,0x20,0x20,0x20,0x00,
/* --文字：  号  --* /
/* --宋体 12；  此字体下对应的点阵为:宽×高＝16×16  --* /
0x40,0x40,0x40,0x5F,0xD1,0x51,0x51,0x51,0x51,0x51,0x51,0x5F,0x40,0x40,0x40,0x00,
0x00,0x00,0x00,0x02,0x07,0x02,0x02,0x22,0x42,0x82,0x42,0x3E,0x00,0x00,0x00,0x00,
/* --文字：  :  --* /
/* --宋体 12；  此字体下对应的点阵为:宽×高＝16×16  --* /
0x00,0x00,0x00,0x00,0x00,0x00,0x00,0x00,0x00,0x00,0x00,0x00,0x00,0x00,0x00,0x00,
0x00,0x00,0x36,0x36,0x00,0x00,0x00,0x00,0x00,0x00,0x00,0x00,0x00,0x00,0x00,0x00,
/* --文字：  年  --* /
/* --宋体 12；  此字体下对应的点阵为:宽×高＝16×16  --* /
0x40,0x20,0x10,0x0C,0xE3,0x22,0x22,0x22,0xFE,0x22,0x22,0x22,0x22,0x02,0x00,0x00,
0x04,0x04,0x04,0x04,0x07,0x04,0x04,0x04,0xFF,0x04,0x04,0x04,0x04,0x04,0x04,0x00,
/* --文字：  月  --* /
/* --宋体 12；  此字体下对应的点阵为:宽×高＝16×16  --* /
0x00,0x00,0x00,0x00,0x00,0xFF,0x11,0x11,0x11,0x11,0x11,0xFF,0x00,0x00,0x00,0x00,
0x00,0x40,0x20,0x10,0x0C,0x03,0x01,0x01,0x01,0x21,0x41,0x3F,0x00,0x00,0x00,0x00,
/* --文字：  日  --* /
/* --宋体 12；  此字体下对应的点阵为:宽×高＝16×16  --* /
0x00,0x00,0x00,0xFE,0x42,0x42,0x42,0x42,0x42,0x42,0x42,0xFE,0x00,0x00,0x00,0x00,
0x00,0x00,0x00,0x3F,0x10,0x10,0x10,0x10,0x10,0x10,0x10,0x3F,0x00,0x00,0x00,0x00,
};
uchar  code sz[]＝{
/* --文字：  0  --* /
/* --宋体 12；  此字体下对应的点阵为:宽×高＝8×16  --* /
0x00,0xE0,0x10,0x08,0x08,0x10,0xE0,0x00,0x00,0x0F,0x10,0x20,0x20,0x10,0x0F,0x00,
```

```
/* --文字:  1  --* /
/* --宋体 12;  此字体下对应的点阵为:宽×高=8×16  --* /
0x00,0x10,0x10,0xF8,0x00,0x00,0x00,0x00,0x00,0x20,0x20,0x3F,0x20,0x20,0x00,0x00,
/* --文字:  2  --* /
/* --宋体 12;  此字体下对应的点阵为:宽×高=8×16  --* /
0x00,0x70,0x08,0x08,0x08,0x88,0x70,0x00,0x00,0x30,0x28,0x24,0x22,0x21,0x30,0x00,
/* --文字:  3  --* /
/* --宋体 12;  此字体下对应的点阵为:宽×高=8×16  --* /
0x00,0x30,0x08,0x88,0x88,0x48,0x30,0x00,0x00,0x18,0x20,0x20,0x20,0x11,0x0E,0x00,
/* --文字:  4  --* /
/* --宋体 12;  此字体下对应的点阵为:宽×高=8×16  --* /
0x00,0x00,0xC0,0x20,0x10,0xF8,0x00,0x00,0x00,0x07,0x04,0x24,0x24,0x3F,0x24,0x00,
/* --文字:  5  --* /
/* --宋体 12;  此字体下对应的点阵为:宽×高=8×16  --* /
0x00,0xF8,0x08,0x88,0x88,0x08,0x08,0x00,0x00,0x19,0x21,0x20,0x20,0x11,0x0E,0x00,
/* --文字:  6  --* /
/* --宋体 12;  此字体下对应的点阵为:宽×高=8×16  --* /
0x00,0xE0,0x10,0x88,0x88,0x18,0x00,0x00,0x00,0x0F,0x11,0x20,0x20,0x11,0x0E,0x00,
/* --文字:  7  --* /
/* --宋体 12;  此字体下对应的点阵为:宽×高=8×16  --* /
0x00,0x38,0x08,0x08,0xC8,0x38,0x08,0x00,0x00,0x00,0x00,0x3F,0x00,0x00,0x00,0x00,
/* --文字:  8  --* /
/* --宋体 12;  此字体下对应的点阵为:宽×高=8×16  --* /
0x00,0x70,0x88,0x08,0x08,0x88,0x70,0x00,0x00,0x1C,0x22,0x21,0x21,0x22,0x1C,0x00,
/* --文字:  9  --* /
/* --宋体 12;  此字体下对应的点阵为:宽×高=8×16  --* /
0x00,0xE0,0x10,0x08,0x08,0x10,0xE0,0x00,0x00,0x00,0x31,0x22,0x22,0x11,0x0F,0x00,
/* --文字:  !  --* /
/* --宋体 12;  此字体下对应的点阵为:宽×高=8×16  --* /
0x00,0x00,0x00,0xF0,0x00,0x00,0x00,0x00,0x00,0x00,0x00,0x5F,0x00,0x00,0x00,0x00,
/* --文字:    --* /
/* --宋体 12;  此字体下对应的点阵为:宽×高=8×16  --* /
0x00,0x00,0x00,0x00,0x00,0x00,0x00,0x00,0x00,0x00,0x00,0x00,0x00,0x00,0x00,0x00,};
//延时子程序
delay(uint us)
  {
  while(us--);
  }
//判忙子程序
panmang()
  {
  out=0xff;                              //数据线至高为输入方式
  rs=0;                                  //0:命令方式
  rw=1;                                  //1:读取方式
  delay(50);                             //延时
```

```
    e=1;                                    //使能
    while(bf||res==1);                      //LCD忙时 P0.4 和 P0.7 为 1
    e=0;                                    //关闭
    }
//写(输出)1个字节数据(或命令)子程序
xie(uchar d0,d1)
    {
    panmang();
    rs=d0;                                  //数据(或命令)方式
    rw=0;                                   //0:写出方式
    out=d1;                                 //输出数据
    e=1;                                    //使能
    delay(1);                               //延时
    e=0;                                    //关闭
    }
//初始化、清屏子程序
qingping()
    {
    uchar j,n;
    cs1=cs2=1;                              //开左、右屏
    rst=0;                                  //复位 lcd
    delay(50);                              //延时
    rst=1;                                  //释放 lcd
    xie(0,0x3e);                            //关屏
    xie(0,0x3f);                            //开屏
    for(j=0;j<8;j++)                        //8个页面
        {
        xie(0,x0+j);                        //显示起始页
        xie(0,z0);                          //显示起始行
        xie(0,y0);                          //显示起始列
        for(n=0;n<64;n++)xie(1,0);          //64 列都清零
        }
    }
//写1行汉(数)字子程序:定义显示起始页、列,字宽,字模库中的字序,1次输出的汉(数)字数量,字库名
xiezi(uchar ye,lie,kuan,hang,liang,uchar code* zk)
    {
    uchar i,m,n,p;
    for(p=0;p<liang;p++)                    //1 次输出的字数量
    for(n=0;n<2;n++)                        //字占 2 页
        {
        xie(0,x0+ye+n);                     //显示起始页
        xie(0,z0);                          //显示偏移量 0
        xie(0,y0+lie+kuan* p);              //显示起始列
        m=(hang* 2+n+p* 2)* kuan;           //计算要显示的字在字模库中的序号
        for(i=0;i<kuan;i++)xie(1,zk[m+i]);  //写 1 个字的 kuan 个列码
```

```
      }
    }
  pingmu()                                        //屏幕子程序
    {
    cs1=1;cs2=0;                                  //开左页
    xiezi(0,8,16,0,2,hz);                         //写汉字:你好
    xiezi(0,40,8,10,1,sz);                        //写汉字:！
    xiezi(0,48,16,3,1,hz);                        //写汉字:欢
    xiezi(3,16,16,8,3,hz);                        //工号:
    xiezi(6,8,8,2,1,sz);                          //写数字:2
    xiezi(6,16,8,0,1,sz);                         //写数字:0
    xiezi(6,24,8,d1[6],1,sz);                     //写数字:1
    xiezi(6,32,8,d1[7],1,sz);                     //写数字:5
    xiezi(6,40,16,11,1,hz);                       //写汉字:年
    xiezi(6,56,8,d1[8],1,sz);                     //写数字:0
    cs1=0;cs2=1;                                  //开右页
    xiezi(0,0,16,4,4,hz);                         //写汉字:迎光临！
    xiezi(3,0,8,d1[0],1,sz);                      //写数字:1
    xiezi(3,8,8,d1[1],1,sz);                      //写数字:5
    xiezi(3,16,8,d1[2],1,sz);                     //写数字:0
    xiezi(3,24,8,d1[3],1,sz);                     //写数字:6
    xiezi(3,32,8,d1[4],1,sz);                     //写数字:0
    xiezi(3,40,8,d1[5],1,sz);                     //写数字:1
    xiezi(6,0,8,d1[9],1,sz);                      //写数字:6
    xiezi(6,8,16,12,1,hz);                        //写汉字:月
    xiezi(6,24,8,d1[10],1,sz);                    //写数字:2
    xiezi(6,32,8,d1[11],1,sz);                    //写数字:4
    xiezi(6,40,16,13,1,hz);                       //写汉字:日
    }
  shuru()
    {
    if(sb1==1)x1=c1=0;                            //设置按钮连接端口高电平时,按钮有效
                                                  //  位变量及计数变量清零
    if(sb1==0)                                    //设置按钮连接端口低电平时
      {
      if(c1<21)c1++;                              //计数值<101时,计数+1
      if(c1==20)                                  //计数值=100时,按钮有效位变量、进入
                                                  //  修改标志置1
        {
        if(set)c10=(c10+1)%12;                    //修改位指向下一位
        x1=set=1;
        }
      }
    if(sb2==1)x2=c2=0;                            //加1按钮连接端口高电平时,按钮有效
                                                  //  位变量及计数变量清零
```

```
if(sb2==0)                                    //加1按钮连接端口低电平时
  {
  if(c2<11)c2++;                              //计数值<101时,计数+1
  if(c2==10)x2=1;                             //计数值=100时,按钮有效位变量置1
  }
if(sb3==1)x3=c3=0;                            //减1按钮连接端口高电平时,按钮有效
                                                位变量及计数变量清零
if(sb3==0)                                    //减1按钮连接端口低电平时
  {
  if(c3<11)c3++;                              //计数值<101时,计数+1
  if(c3==10)x3=1;                             //计数值=100时,按钮有效位变量置1
  }
}
main()
  {
  qingping();                                 //调清屏子程序
  pingmu();                                   //调屏幕子程序
  while(1)
    {
    shuru();                                  //调按键子程序
    if(set)                                   //当set=1:进入数据修改模式
      {
      z=0;                                    //显示偏移行变量清零
      if((x2==1)&&(d2[c10]<9))d2[c10]++;      //数据加1
      if((x3==1)&&(d2[c10]>0))d2[c10]--;      //数据减1
      if(x1|x2|x3)                            //有键按下,显示缓存刷新且延时退出计
                                                数清零
        {
        for(c30=0;c30<12;c30++)d1[c30]=d2[c30];
        c21=0;
        pingmu();
        }
      x1=x2=x3=0;                             //按键有效标志清零
      c20++;                                  //闪烁间隔计数
      if(c20==100)                            //闪烁状态反转
        {
        se=~se;                               //闪烁状态标志取反
        c20=0;
        for(c30=0;c30<12;c30++)d1[c30]=d2[c30];//显示缓存刷新
        if(se)d1[c10]=11;                     //se=1时修改位关
        pingmu();                             //刷屏
        }
      c21++;                                  //退出修改状态计数变量+1
      if(c21==5000)                           //退出修改状态
        {
```

```
        for(c30=0;c30<12;c30++)d1[c30]=d2[c30];//显示缓存刷新
        set=0;c21=0;
        pingmu( );                              //刷屏
        }
      }
    if(! set)                                   //当 set=0:滚屏显示模式
      {
      cs1=1;cs2=1;                              //选中左右屏
      xie(0,0x3f);                              //屏幕至为显示态
      xie(0,z0+z);                              //偏移行输出
      delay(20000);                             //延时
      z=(z+1)%64;                               //指向下一偏移行
      }
    }
  }
```

三、模块接线图

要实现广告屏，应采用主机模块 MCU01、电源模块 MCU02、显示模块 MCU04 和指令模块 MCU06，根据电路原理图将各模块进行连接，模块接线如图 6-3-7 所示。

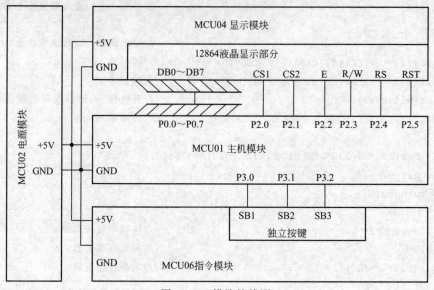

图 6-3-7   模块接线图

四、实物接线图

在 YL-236 实训装置中，实现广告屏的各模块实物接线如图 6-3-8 所示。

任务考核评价

128×64 液晶广告屏的任务考核评价见表 6-3-2。

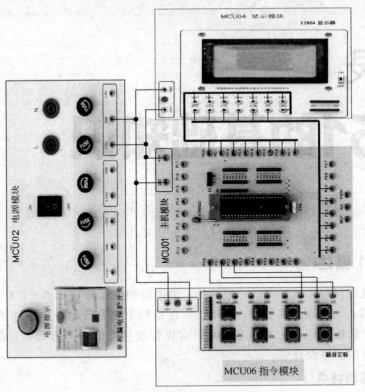

图 6-3-8　广告屏实物接线图

表 6-3-2　任务考核评价

	评价内容	分值	评分标准	得分
连线图及工艺	模块选择	10	选择错误一处扣 3 分	
	导线连接	15	导线连接错误，每处扣 3 分 导线连接不规范，每处扣 2 分 电源线和信号线不区分扣 2 分	
	模块布局	5	要整齐、美观、规范	
	模块连线图	10	规范、整齐。错误一处扣 2 分	
软件编写	程序编写	5	规范、合理，错误一处扣 2 分	
	程序下载	5	不能下载到芯片内扣 5 分	
	功能调试	40	功能不全，缺一处扣 10 分	
安全文明操作	遵守安全文明操作规程	10	违反安全操作规程，酌情扣 3～10 分	

拓展练习

1. 修改程序 samp6-3.c，修改加快位闪烁速度。

2. 改变显示内容，把实时日期 "2015 年××月××日"。改为实时周日期："今日星期×"，要求居中显示，且周日期可修改。

附录
C51的基础知识

一、C51 概述

在对单片机进行程序设计时，一般选择汇编语言和单片机 C51 语言。C51 语言是应用于单片机的 C 语言，与汇编语言相比，C51 语言在结构上更易理解，可读性强，开发速度快，可靠性好，便于移植，同时它又具有汇编语言操作硬件的能力。因此，目前 C51 语言被广泛使用于单片机的程序设计中。

1. C51 语言的特点

C51 语言特点很多，总结起来主要有以下几点。

(1) C51 语言的语法结构和标准 C 语言基本一致，其规模适中，语言简洁，便于学习。

(2) C51 语言提供了完备的数据类型、运算符以及函数供使用。

(3) C51 语言是一种结构化程序设计语言，程序结构简单明了。

(4) C51 语言的可移植性好。对于兼容的 8051 系列单片机，只要将一个硬件型号下的程序稍加修改，甚至不加改变就可移植到另一个不同的硬件型号开发环境中使用。

(5) C51 语言生成的代码执行效率高，且比汇编语言的程序便于理解和代码交流。

(6) C51 语言开发速度快，可以明显缩短开发周期。

2. C51 程序的一般结构

C51 源程序文件的扩展名为 ".c"，如 LED.c、密码锁.c 等。每个 C51 源程序中包含一个名为 "main ()" 的主函数，C51 程序的执行总是从 main () 函数开始的，当主函数中的所有语句执行完毕，则程序执行结束。C51 程序的一般结构为：

```
预处理命名              //用于包含头文件等
全局变量声明            //全局变量可以被本程序所有函数引用
自定义函数声明          //说明程序中需要的各种函数
main()                 //主函数
    {
    局部变量声明;        //局部变量只能在所定义的函数内部引用
    语句 1;
    语句 2;              //包括调用其他函数语句
    ......
    }
```

对自定义函数说明如下。

（1）预处理命令。预处理命令前要加一个"＃"，末尾不加分号。预处理命令包括文件包含（＃include）、宏定义（＃define）、条件编译命令等。

＃include命令用来包含一些程序中用到的头文件，这些头文件中包含了一些库函数，以及其他函数的声明及定义。在C51中，文件包含命令的一般形式为：＃include "头文件.h"或＃include＜头文件.h＞。文件的包含命令一般位于程序的开头，常用的有"＃include "reg52.h"，这个头文件中定义了52单片机内部的特殊功能寄存器（SFR）的所有端口。

＃define命令是指用一些标识符作为宏名，来代替其他一些符号或者常量。使用宏定义命令，可以减少程序中字符串输入的工作量，而且可以提高程序的可移植性。

（2）自定义函数声明。自定义函数声明部分用来说明程序中自定义的函数。

（3）main主函数。main主函数是整个C51程序的入口。不论main（）函数位于程序中的哪个位置，C51程序总是首先从main（）函数开始执行的。main函数可以调用其他函数，但其他函数不能调用main函数。函数后面一定要有一对大括号"{}"，程序就写在大括号里面。

（4）语句。语句是构成函数的主体部分，C51中的语句大致分为两类：一类为说明语句，用来描述数据；另一类为执行语句，用来描述对数据进行的动作。每条语句最后必须以一个分号";"结尾，分号是语句的必要组成部分。

（5）自定义函数。自定义函数是C51程序中用到的自定义函数的函数体，用来实现用户自定义的功能。

（6）注释。在C51程序中，为了增加程序的可读性，通常使用"//------"或一对"/*--------*/"对程序中的某些地方作必要注释。前者只能注释一行内容，后者则可以注释多行内容。

二、C51的标识符和关键字

（1）标识符。标识符常用来表示程序中自定义对象名称的符号，可以是常量、变量、数组、结构、函数等。在C51中，标识符只能由字母（a～z，A～Z）、数字（0～9）和下划线"_"组成，并且第一个字符必须是字母或者下划线。另外，C51标识符区分大小写，例如"temp"和"TEMP"代表两个不同的标识符。

（2）关键字。关键字是C51语言重要的组成部分，是C51编译器已定义保留的专用特殊标识符。这些关键字通常有固定的名称和功能。如int、double、float、else、switch、sfr、sbit等。在C51程序设计时，用户自定义的标识符不能和这些关键字相冲突，否则无法正确通过编译。

三、C51中的常量和变量

（1）常量。在程序运行过程中，数值不能被改变的量称为常量，可以为字符、十进制数或十六进制数。

（2）变量。在程序运行过程中，数值能被改变的量称为变量。变量按作用范围的不同，分为全局变量和局部变量。全局变量一般定义在所有函数的外部，即整个程序的最前面。它的作用范围是整个程序文件，它可以被该程序中的任何函数使用。局部变量是在一个函数内部定义的变量，它只在定义它的那个函数范围内有效，在此函数以外局部变量就失去意了，因而也不能使用这些变量。不同的函数可以使用相同的局部变量名，由于它们的作用范围不同，不会相互干扰。

四、C51 的数据类型

数据的格式通常称为数据类型。C51 的数据类型有 char、int、long、float、bit、sfr、sbit 和 *（指针型）等，它们的长度和取值范围如附表 1 所示。

附表 1　C51 的数据类型

数据类型	长度	值域
unsigned char	单字节	0～255
signed char	单字节	−128～+127
unsigned int	双字节	0～65535
signed int	双字节	−32768～+32767
unsigned long	四字节	0～4294967295
signed long	四字节	−2147483648～+2147483647
float	四字节	±1.175494E−38～±3.402823E+38
*	1～3 字节	对象的地址
bit	位	0 或 1
sfr	单字节	0～255
sfr16	双字节	0～65535
sbit *	位	0 或 1

具体类型说明如下。

（1）char 字符型。char 字符型分 unsigned char（无符号字符型）和 signed char（有符号字符型），默认为 signed char。它们的长度为一个字节，用于存放一个单字节的数据，通常用于定义处理字符数据的变量或常量。unsigned char 用于定义无符号字节数据或字符，可以存放一个字节的无符号数，所表示的数值范围是 0～255；signed char 用于定义带符号的字节数据，其字节的最高位为符号位，"0"表示正数，"1"表示负数，负数用补码表示，数值范围是 −128～+127。

（2）int 整型。int 整型分为 signed int（有符号整型）和 unsigned int（无符号整型），默认为 signed int。它们的长度均为 2 个字节，用于存放一个双字节数据。signed int 表示的数值范围是 −32768～+32767，字节中最高位表示数据的符号，"0"表示正数，"1"表示负数。unsigned int 表示的数值范围是 0～65535。

（3）long 长整型。long 长整型分为 signed long（有符号长整型）和 unsigned long（无符号长整型），默认为 signed long。它们的长度均为 4 个字节，用于存放一个四字节的数据。signed long 表示的数值范围是 −2147483648～+2147483647，unsigned long 表示的数值范围是 0～4294967295。

（4）float 浮点型。float 浮点型是符合 IEEE-754 标准的单精度浮点型数据，占用四个字节。

（5）* 指针型。指针型数据本身就是一个变量，在这个变量中存放在指向另一个数据的地址。这个指针变量要占用一定的内存单元，对不同的处理器其长度不一样，在 C51 中它的长度一般为 1～3 个字节。

（6）bit 位类型。bit 位类型是 C51 中扩充的数据类型，其值是一个二进制位，不是 0 就是 1。

（7）sfr 特殊功能寄存器。sfr 是 C51 扩充的数据类型，占用一个内存单元，用于访问 51 单片机内部的所有单字节特殊功能寄存器。

（8）sfr16 16 位特殊功能寄存器。sfr16 占用两个内存单元，用于访问 51 单片机内部的所有 2 个字节的特殊功能寄存器，如定时器 T0 和 T1。

（9）sbit（可寻址位）。sbit 是 C51 中的一种扩充数据类型，利用它可以访问芯片内部的 RAM 中的可寻址位或特殊功能寄存器中的可寻址位。如 sbit P1 _ 1＝P1^1，定义 P1 _ 1 为 P1 端口的 P1.1 引脚。

五、C51 的运算符及表达式

运算符是指完成某种特定运算的符号。表达式是由运算符和运算对象组成，具有特定含义的一个式子。在表达式后面加上分号"；"就构成了一个表达式语句。

C51 的运算符有以下几类：赋值运算符、算术运算符、自增与自减运算符、关系运算符、逻辑运算符、位运算符、逗号运算符、条件运算符、指针与地址运算符。

1. 赋值运算符

在 C51 中，赋值运算符"＝"是将右侧数据的值赋给左侧的变量，如"a＝3"是把常量 3 赋给变量 a。利用赋值运算符将一个变量与一个表达式连接起来的式子称为赋值表达式，在赋值表达式的后面加一个分号"；"就构成了赋值语句。例如：x＝8＋9；

2. 算术运算符

C51 中的算术运算符有：＋加或取正值运算符；－减或取负值运算符；＊乘运算符；/ 除运算符；％取余运算符。

加、减、乘运算符的运算符合一般的算术运算规则，除法运算有所不同：两个整数相除，结果也为整数；两个浮点数相除，结果也为浮点数。例如：30/20 结果为 1，而 30.0/20.0 结果为 1.5。

对于取余运算，要求两个运算对象均为整型数据，运算结果为它们的余数。例如：x＝7％3，运算结果 x 的值为 1。

3. 自增与自减运算符

自增运算符"＋＋"和自减运算符"－－"的作用分别是对运算对象加 1 或减 1，它们只能用于变量，不能用于常数或表达式。在使用中要注意运算符的位置。如：＋＋i，－－i 是指使用 i 之前先使 i 加 1 或减 1，i＋＋，i－－是使用 i 之后再使 i 的值加 1 或减 1。

4. 关系运算符

C51 中有 6 中关系运算符：＞大于；＜小于；＞＝大于等于；＜＝小于等于；＝＝等于；! ＝不等于。

关系运算用于比较两个数的大小。用关系运算将两个表达式连接起来的式子称为关系表达式。关系表达式通常用来作为判别条件构造分支或循环程序。

5. 逻辑运算符

C51 中有 3 种逻辑运算符：&& 逻辑与；‖逻辑或；! 逻辑非。

关系运算和逻辑运算的结果都为逻辑量，成立为真（1），不成立为假（0）。逻辑与的格式为

条件式 1&& 条件式 2

当条件式 1 和条件式 2 都为真时，结果为真（1），否则为假（0）。

逻辑或的格式为

条件式 1 ‖ 条件式 2

当条件式 1 与条件式 2 都为假时，结果为假（0），否则为真（1）。

逻辑非的格式为

！条件式

条件式为真，则结果为假（0）；条件式为假，则结果为真（1）。

6. 位运算符

C51 中有 6 种位运算符：& 按位与；| 按位或；^ 按位异或；~ 按位取反；<< 左移；>> 右移。

位运算符是按位对变量进行运算，但并不改变参与运算的变量的值。如果要求按位改变变量的值，则要利用相应的赋值运算。C51 中的位运算只能对整数进行操作，不能对浮点数进行操作。

7. 逗号运算符

在 C51 中，逗号"，"是一个特殊的运算符，可以用来将两个或两个以上的表达式连接起来，称为逗号表达式。其一般格式为：

表达式 1，表达式 2，……，表达式 n

程序运行时对逗号表达式的处理是：按从左到右的顺序依次计算出各个表达式的值，而整个逗号表达式的值是最右边表达式（表达式 n）的值。

8. 条件运算符

条件运算符"？"是 C51 中唯一的一个三目运算符，它要求有三个运算对象，用它可以将三个表达式连接构成一个条件表达式。条件表达式的一般格式为

逻辑表达式？表达式 1：表达式 2

其功能是先计算逻辑表达式的值，当值为真（值非 0）时，将计算的表达式 1 的值作为整个条件表达式的值；当逻辑表达式的值为假（值为 0）时，将表达式 2 的值作为整个条件表达式的值。例如：条件表达式 max＝（a＞b）？a：b 的执行结果是将 a 和 b 中较大的数赋值给变量 max。

六、C51 的基本语句

1. 表达式语句

表达式语句是最基本的一种语句。在表达式的后面加一个"；"就构成了表达式语句。表达式语句也可以仅由一个分号"；"组成，称为空语句。执行空语句虽然没有具体的动作，但也需要一定的时间，它经常用于有延时要求的场合。

2. 复合语句

复合语句是由若干条语句组合而成，在 C51 中，用一个大括弧"｛｝"将若干条语句括在一起就形成了一个复合语句。复合语句最后不需要以"；"结束，但它内部的各条语句仍需以"；"结束。

复合语句的一般形式为：

```
{
```

```
    局部变量定义；
    语句 1；
    语句 2；
    ……
    语句 n；
    }
```

复合语句内部定义的变量，称为该复合语句的局部变量，它仅在当前这个复合语句中有效。复合语句在执行时，其中的各条单语句按顺序依次执行；整个复合语句在语法上等价于一条单语句。

3. 条件语句（if 语句）

条件语句又称为分支语句，它通常有以下 3 种格式。

格式 1：　if(条件表达式){语句;}

含义：若条件表达式的值为真（值非 0），执行后面的语句；反之，若条件表达式的值为假（值为 0），则不执行后面的语句。

格式 2：　if(条件表达式){语句 1;}
　　　　　else{语句 2;}

含义：若条件表达式的值为真（值非 0），执行语句 1；反之，若条件表达式的值为假（值为 0），则不执行后面的语句。

格式 3：　if(条件表达式 1){语句 1;}
　　　　　else if(条件表达式 2){语句 2;}
　　　　　else if(条件表达式 3){语句 3;}
　　　　　……
　　　　　else if(条件表达式 n-1){语句 n-1}
　　　　　else{语句 n}

含义：若条件表达式 1 的值为真（值非 0），则执行语句 1；若条件表达式 2 的值为真（值非 0），则执行语句 2；……若条件表达式 n-1 的值为真（值非 0），则执行语句 n-1；否则执行语句 n。

以上的语句既可以是单语句，也可以是复合语句。

4. 开关语句（switch/case 语句）

采用 if 语句的嵌套虽然可以实现多分支结构，但结构复杂。开关语句可方便地实现多分支选择，使程序结构清晰。开关语句的一般形式如下：

```
switch(表达式)
  {
  case 常量表达式 1:{语句 1;}break;
  case 常量表达式 2:{语句 2;}break;
  ……
  case 常量表达式 n:{语句 n;}break;
  default:{语句 n+1;}
  }
```

开关语句的执行过程是：将 switch 后面表达式的值与 case 后面常量表达式的值逐个进行比较，若遇到匹配的情况，就执行该 case 后面的语句，然后执行 break 语句，程序退出

switch 语句；若无匹配的情况，则程序执行语句 n+1。

5. 循环语句

当某种操作需要反复执行多次时，常采用循环语句来实现。在 C51 中有三种循环语句：while 语句、do-while 语句和 for 语句。

（1）while 语句

while 语句用于实现当型循环结构，它的格式如下：

```
while(条件表达式)
{语句;}    //循环体
```

while 后面的条件表达式是循环的条件，后面的语句是循环体。当条件表达式的值为真（值非 0）时，程序就重复执行后面的语句，一直执行到条件表达式的值变为假（值为 0）时为止，此时，程序将执行循环体后面的下一条语句。while 语句的特点是：先判断条件表达式，根据判断结果决定是否执行后面的语句。如果条件表达式的值一开始就为假，则后面的语句一次也不会被执行。

（2）do-while 语句

do while 语句用于实现直到型循环结构，它的格式如下：

```
do
{语句;}    //循环体
while(条件表达式)
```

它的执行过程是：先执行循环体语句，再判别条件表达式，当表达式的值为真（非 0）时，返回执行循环体语句，如此反复，知道表达式的值等于 0 时为止，此时程序退出循环。do-while 语句的特点是：先执行循环体语句，再判断循环条件是否成立。它在执行时，循环体内的语句至少会被执行一次。

（3）for 语句

在 C51 中，for 语句是使用最灵活、用得最多的循环控制语句。它可以用于循环次数确定的情况，也可以用于循环次数不确定而只给出循环结束条件的情况，它完全可以代替 while 语句。for 语句的一般格式为：

```
for(表达式 1;表达式 2;表达式 3)
{语句;}    //循环体
```

for 语句的执行过程为：先求解表达式 1 的值，再求解表达式 2 的值，若表达式 2 的值为真（非 0），则执行循环体语句，求解表达式 3 的值，然后再求解表达式 2 的值，如此反复，若表达式 2 的值为假（值为 0），则退出循环，程序执行循环体下面的语句。for 语句的执行过程如附图 1 所示。

表达式 1 一般为初值表达式，用于给循环变量赋初值；表达式 2 为条件表达式，用于对循环变量进行判断；表达式 3 为循环变量更新表达式，用于对循环变量的值进行更新，使循环变量可以不满足条件而退出循环。

6. break 语句和 continue 语句

break 和 continue 语句通常用于循环结构中，用来跳出循环结构，但二者又有所不同。

（1）break 语句

break 语句可以使程序跳出 switch 结构，继续执行 switch 结构后面的一个语句。也可以用来从循环体内跳出循环，提前结束循环而接着执行循环体后面的一个语句。它的一般格式为：

break；

break 语句不能用在除了循环语句和 switch 语句之外的任何其他语句中。

（2）continue 语句

一般格式为：continue；

continue 语句用在循环结构中，用于结束本次循环，跳过循环体中 continue 下面尚未执行的语句，直接进行下一次是否执行循环的判断。

continue 语句和 break 语句的区别在于：continue 语句只是结束本次循环而不是终止整个循环；break 语句则是结束循环，不再进行条件判断。

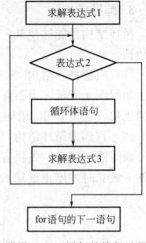

附图 1　for 语句的执行过程

7. 返回语句

返回语句一般放在函数的最后位置，用于终止函数的执行，并控制程序返回到调用该函数时所处的位置。它一般有以下两种格式：

① return；

② return（表达式）；

如果 return 语句后面带有表达式，则要计算表达式的值，并将表达式的值作为该函数的返回值。若不带表达式，则函数返回时将返回一个不确定的值。在 C51 中，如果该函数没有返回值，return 语句可以省略。

七、C51 的程序结构

1. 顺序结构

顺序结构是最基本、最简单的程序结构，在这种结构中，程序由低地址到高地址依次执行，如附图 2 所示，程序先执行语句 A，然后执行语句 B，两者是顺序执行的关系。

2. 选择结构

选择结构可使程序根据不同的情况，选择执行不同的分支，如附图 3 所示，当条件成立时，选择执行语句 A，当条件不成立时，执行语句 B。

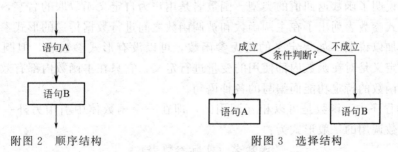

附图 2　顺序结构　　　　　　附图 3　选择结构

在 C51 中，实现选择结构的语句为 if/else、if/else if 语句。另外，要实现多分支结构，既可以通过 if 和 else if 语句的嵌套实现，也可以用 switch/case 语句实现。

3. 循环结构

循环结构是能够使某一段程序反复执行的结构。它分为两种，当型循环结构和直到型循环结构。

（1）当型循环结构

如附图 4 所示，当条件成立时，反复执行语句 A，当条件不成立时，停止重复，执行后面的语句，常用 while 语句来实现。

（2）直到型循环结构

如附图 5 所示，先执行语句 A，再判断条件，当条件成立时，再重复执行语句 A，直到条件不成立时才停止重复，执行后面的程序，常用 do/while 语句来实现。

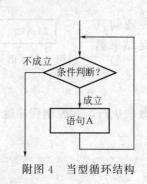

附图 4　当型循环结构

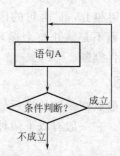

附图 5　直到型循环结构

八、函数

在 C51 的程序中，函数分为两种，一种是用户可直接调用的 Keil C51 编译系统提供的标准库函数，另一种是用户根据编程需要定义的实现特定功能的函数。自定义的函数必须先定义后调用。

函数定义的一般形式如下：

```
函数类型  函数名(形式参数表)
{
    局部变量定义
    函数体语句
}
```

函数类型说明了函数返回值的类型。函数名是用户为自定义函数取的名字，以便调用函数时使用。形式参数表列出了在主调函数和被调函数之间进行数据传递的形式参数，形式参数的类型必须加以说明。如果定义的是无参函数，可以没有形式参数表，但圆括号不能省略。局部变量定义是对在函数内部使用的变量进行定义，它只在本函数内部有效。函数体语句是为完成该函数的特定功能而编写的各种语句。

在 C51 的程序中，函数是可以相互调用的，即在一个函数体中引用另外一个已经定义了的函数。函数调用的一般形式为：

函数名（实际参数表）

函数名指出被调用的函数名称。实际参数表中可以包含多个实参，各个参数之间用"，"分开。实际参数和形式参数的个数应相等，类型应一致。它们按顺序一一对应传递数据。如果调用的是无参函数，则实际参数表可以没有，但圆括弧不能省略。

按函数在程序中出现的位置来分，有以下三种函数调用方式。

（1）函数语句。把函数作为一个语句，这是无参数调用，它不要求函数返回值，只要求函数完成一定的操作。

（2）函数表达式。函数出现在一个表达式中，这种表达式称为函数表达式。这时，要求函数返回一个确定的值以参加表达式的运算。

（3）函数参数。函数调用作为一个函数的实参。这种在调用一个函数的过程中，又调用了另一个函数的方式，称为嵌套函数调用。

在调用一个函数之前，应对该函数的类型进行声明，即"先声明，后调用"。如果调用的是库函数，一般应在程序的开头用♯include命令将有关函数说明的头文件包含进来。如果调用的是用户自己定义的函数，而且该函数与调用它的函数（主调函数）在同一个文件中，主调函数在被调函数之前时，应对被调函数作出声明。

函数声明的一般形式为：

函数类型　函数名（形式参数表）；

函数的声明是把函数的类型、函数的名字以及形参的类型、个数和顺序通知编译系统，以便调用函数时系统进行对照检查。函数的声明后面要加分号。

在C51程序设计中，一般将被调用函数放置于主调函数之前，这样可以在程序的开始部分省去对被调用函数的声明。

参 考 文 献

[1] 杨少光. 单片机控制装置安装与调试备赛指导（中职电工电子项目）. 北京：高等教育出版社，2010.
[2] 李广弟. 单片机基础（修订本）. 北京：北京航空航天大学出版社. 2001.
[3] 赵文博，刘文涛. 单片机语言 C51 程序设计. 北京：人民邮电出版社. 2005.
[4] 广东省中等职业学校教材编写委员会组编. 单片机及其应用. 广州：广东高等教育出版社，2007.
[5] 朱永金，成友才. 单片机应用技术（C 语言）. 北京：中国劳动社会保障出版社，2007.
[6] 丁振杰，张喜红，李玉秋. 单片机原理及应用技术. 北京：化学工业出版社，2010.
[7] 陈朝大，李杏彩. 单片机原理与应用——基于 Keil C 和虚拟仿真技术. 北京：化学工业出版社，2013.
[8] 侯殿有. 单片机 C 语言程序设计. 北京：人民邮电出版社，2010.
[9] 谭浩强. C 语言程序设计. 北京：清华大学出版社，2003.